KNRm 智慧機器人
(C 語言)

宋開泰　編著

全華圖書股份有限公司

序言

　　智慧製造近幾年來發展快速，世界各國積極推動工業 4.0，大量引入機器人作為智慧工廠的執行端，機器人技術的重要性日益增加。另一方面，結合感測、通訊、網路技術、機器人之移動特性與人工智慧，各種服務型機器人將輔助種種日常生活所需。可以預見機器人將形成一個重要產業，世界各國皆投入龐大經費進行機器人技術開發與相關產業的發展。

　　機器人技術整合機械、電子、電機、電腦與資訊智慧，需要跨領域機電整合人才，人才的培育是機器人產業重要的一環。我國已將智慧機器列入重要產業發展，人才的需求逐漸增加，培育優質專業人才，並且充實機器人技術與世界接軌，實為當務之急。機器人技術著重理論與實務結合，因此，開發一套實驗教材，提供年輕學子具啟發性與教育性的機器人實作相關課程，有助於學生學習機器人科技，培育優秀學生未來投入機器人相關產業。

　　本教材之主要目的在運用貝登堡國際開發的 KNRm 機器人控制器，搭配 C 語言函式庫與模組，開發一套基於 C 語言之智慧型機器人實驗教材，讓熟悉 C 語言的學生可以運用程式進行機器人實作與應用。本教材硬體方面將以 KNRm 機器人控制器為核心，在軟體方面之程式語言將以 C 語言進行整合實驗，開發環境則是使用 Eclipse。配合不同的實驗單元，讀者可以有效學習機器人相關知識並熟練 KNRm 機器人控制器的相關應用。實驗項目包含基本之感測器應用、控制器設計與機器人控制實驗等基礎理論與實作。在內容安排部分，主要分為機器人基本元件的工作原理介紹、控制原理介紹以及程式設計。

　　藉由 KNRm 機器人控制器與 C 語言程式，學生可快速地整合機器人各種硬體裝置，專注於任務策略構思與程式設計，發揮創意，創造佳績。

　　本書之撰寫與實驗設計過程中非常感謝交通大學電控工程研究所研究生大力協助，包含章宇賢、宋劭桓、楊子衡、林明翰、吳巧敏、張岳傳、Susanto、劉鴻燊。另外非常感謝貝登堡國際公司多年來對智慧機器人實驗教材開發的支持，亦一併致謝。

宋開泰　謹識

編輯
部序

　　「系統編輯」是我們的編輯方針，我們所提供給您的，絕不只是一本書，而是關於這門學問的所有知識，它們由淺入深，循序漸進。

　　本書為貝登堡國際開發的 KNRm 機器人控制器，搭配 C 語言函式庫與模組，所編寫之實驗教材。實驗項目包含基本之感測器應用、控制器設計與機器人控制實驗等基礎理論與實作。內容主要分為機器人基本元件的工作原理介紹、控制原理介紹以及程式設計。本書適用於大學、科大電機、資訊、電子、機械系智慧機器人實驗課程。

　　同時，為了使您能有系統且循序漸進研習相關方面的叢書，我們以流程圖方式，列出各有關圖書的閱讀順序，以減少您研習此門學問的摸索時間，並能對這門學問有完整的知識。若您在這方面有任何問題，歡迎來函聯繫，我們將竭誠為您服務。

智慧型機器人介紹

　　機器人的名稱源自於捷克語 Robota，有奴隸的意思，因此機器人的本質是在取代人力，幫人類工作。現今的機器人大致上可分為用於生產自動化的工業機器人，以及協助各種服務性工作的服務型機器人。一個機器人系統基本上由三個部分組成，分別是感測器、致動器與處理器，其中感測器用來偵測與辨識外界環境及機器人本身的狀態，感測資訊傳送給處理器進行計算與判斷，讓機器人做出當下最適合的動作規劃，再將行動命令交給制動器去執行。機器人感測器種類五花八門，較常見的有攝影機、雷射測距儀(又稱光達)、超音波感測器及紅外線感測器，處理器是一種嵌入式電腦，而最常用的致動器則是馬達，也有用液壓或氣壓驅動機械臂。機器人動作以後其周圍環境會變化或被機器人操作而改變，因此機器人需要不斷擷取最新的環境資訊以利其執行任務。換句話說，經由回授控制達成機器人的操作，是最重要也是最基本的技術與設計要領。除了有自動控制的運動功能以外，智慧機器人還需要智慧自主的行為能力，以便在變化的複雜環境中自主完成任務。

　　有關機器智慧的研究大約數十年前發明了電腦以後即開始，這也是屬於人工智慧(Artificial intelligence，AI)的領域，而人工智慧的研究目標，是要去建造一個能夠展示類似人類智慧或某種動物智慧水準的機器，對機器人而言，希望智慧機器具有推理規劃未來行動及完成這些行動的能力。智慧機器人的研究就是希望開發出具有機器智慧的機器人提供產業或服務上的應用，近幾年來由於人工智慧與深度學習的進步，人們甚至希望機器人具有學習的能力，例如：學習人類的技能或從經驗中學習。然而人類的智慧是非常複雜的，在現有的工具與技術無法達成所謂類人智慧的情形之下，人工智慧的研究分散成為一些小的領域，逐漸達成機器人的智慧行為，例如：研究推理，影像識別與特徵擷取、路徑規劃與運動規劃等等。可以將人類水準的智慧分解成個別小的領域，再設法將這些小的領域結合起來去建造出智慧型機器。由於現實環境是複雜且多變的，一個機器人要在人類環境中自主的運動並完成任務必須因應這些變化，因此定義智慧機器人是一種對於其能夠在一個非結構化的環境中運動，以及達成任務的一種能力。一個非結構化的環境是指快速改變，同時不可預期的環境，以致於不可能依賴一個事前定義好的環境地圖規劃機器人的行動。而另一方面機器人的動作也必須有即時性，過於緩慢的反應將無法滿足性能上的需求，也降低了實用性。可以理解的是，智慧是有分等級的，機器智慧可以不需要所謂人類水準的思考能力，而是可以一步一步的建立一個機器人的智慧型系統。值得注意的是一個智慧型機器人必須要在非結構化的環境中操作，隱含著必須在一個真實世界操作及運用。

舉例而言，如果一個機器人的任務是在一間醫院裡擔任導引或運送物件，那麼它必須能夠閃避移動或是靜止的障礙物，同時帶路或運送物品到指定的位置。給機器人一張完整的大樓地圖是不夠的，因為基本上環境一直在改變。智慧機器人必須用自己的感測器從環境中得到資訊，並基於這些資訊採取行動，而不只是運用既有的環境模型及在這些模型當中來推理。另一方面，如果機器人即將耗盡電力，則必須能夠重新安排新的目標，並且要很快的嘗試去找到一個電源供應。因此對一個自主式機器人而言，給定行為之重要性將會隨時間而改變，機器智慧必須隨當時當地的狀況作出行為的選擇。

由於網路及互聯網的廣泛運用，未來的機器人都將連上網路。雲端與物聯網技術有潛力實現新一代的機器人和自動化系統，使用無線網絡、大數據、雲端運算、機器人學習來提高在機器人的性能，被運用於生產線組裝、檢測、自動駕駛、自動倉儲、醫療照護與物流等。雲端運算可以提供機器人與自動化技術一個運算與儲存的空間，機器人不再只靠單板電腦的運算，而是靠雲端伺服器的雲端運算，進行大數據資料庫紀錄與分析、分享機器人的移動軌跡與控制策略、提供機器人運動規劃與機器人學習的能力。結合雲端運算的機器人系統更具有許多創新應用潛力，未來機器人在智慧醫院、智慧老人院、智慧旅館及賣場的應用及需求將逐漸擴展。然而機器人所處之環境及周遭的人員及使用者充滿各種不定因素，影響機器人的靈活運作頗大。另一方面，人機協同完成任務及安全運作更是機器人設計上之挑戰。目前依然缺乏一套機器人系統，能讓醫護人員快速且方便的操作機器人，以簡單的人機介面來提供人機協同工作方式，讓機器人一方面能顧及人員安全，同時，另一方面也能配合完成任務。因此研發新一代智慧型雲端機器人技術及一套物聯網機器人(IoT Robots)系統，透過接收環境資訊與機器人上的感測器資訊，讓機器人具有主動規劃與判斷，提供醫護人員與使用者服務與協助。因此，機器人技術整合機械、電子、電機、電腦、與資訊智慧，需要跨領域機電整合的能力與人才。

現今已有很多自主式機器人系統被設計出來,當然也有更多正在研發當中,以下開始來探討現今存在於智慧機器人系統中的幾個例子。

教育訓練用智慧型機器人

這一類的機器人主要是提供機器人教學實習及啟發學生對機器人科技的興趣。由於機器人硬體組成元件很多,不是一般學生短時間內可以完成,因此教育訓練用的機器人通常採用積木組裝成機器人本體,配合嵌入式電腦即插隨用的介面,容易模組化各種感測器與馬達的整合應用。本書內容採用貝登堡國際開發的 KNRm 機器人控制器,搭配 C 語言函式庫與模組,除了使用 LabVIEW 程式語言以外,讓熟悉 C 語言的學生也可以運用 C 語言程式進行機器人實作與應用。硬體方面將以 KNRm 機器人控制器為核心,在軟體方面之程式語言將以 C 語言進行整合實驗。藉由 KNRm 機器人控制器與 C 語言程式,學生可快速地整合機器人各種硬體裝置,專注於任務策略構思與程式設計。

移動吸塵機器人

吸塵器機器人的任務是在一個房間中巡航,同時吸除地面上灰塵。機器人必須在室內自由移動,有效率的清潔整個房間的地板,並具備良好之覆蓋率能清潔所有地面。它們必須具有閃避障礙物的功能,要能夠從一個被卡住的狀態下脫身,比如說在一個角落或家俱邊緣。有的吸塵器機器人具有更佳的人工智慧功能,當放在一個房間中,就會開始沿著牆壁移動來建立一個環境的輪廓周圍,當完成後,機器人就會開始隨意行走且清潔這個區域。這種機器人具備超音波測距感測器或碰撞感測器,使它可以避免碰壞家俱或是其它物品,當它被陷住時,它也有辦法找到一條脫離的路徑。吸塵器機器人進入市面已有十多年,可說是當今最成功的服務型機器人產品。

家用機器人與寵物機器人

前面所提到的真空吸塵機器人,是一個家用機器人的簡單例子,然而除了真空吸塵以外,仍希望一個機器人能幫助它的主人進行各種家裡面的工作。近幾年來也有各式的家用機器人被研發出來,通常一個小型家用機器人具有輪子,高度大約是半公尺,能夠聽以及看,也能認識家庭成員的臉,具備人工智慧的功能,它透過無線網路連接一台外部的個人電腦，而不是只用機器人上的電腦。它們有時也有陪伴或協助學習的功能。另外，也有各種寵物機器人，一個著名的例子就機器狗。這是一個人工的寵物，它能夠行走，同時也能展示各種技巧，根據主人如何對待它，會做出不同的反應行為，就好像一個真實的狗所會反應的模樣，具有陪伴及娛樂的效果。它們結合人工智慧新科技，能夠認識主人的臉與聲音，懂得一些口述的命令，具備攝影機以及觸覺感測器，便能夠找到電池充電站。

醫療機器人與復健機器人

在需要非常精細的外科手術中，機器人可以協助醫師進行某些困難的操作。機器人協助的手術可以完成比一個外科醫師更精密的動作，然而為了讓自動化的機器人協助外科手術能足夠安全到被人們接受，機器人必須十分可靠，同時能夠應付不預期的狀況，使其不會傷害到病人。在近年來愈來愈多的手術機器人被應用在醫院中協助進行各種微創外科手術。另一個機器人重要的應用領域則是復健，比如協助行走。基本的想法是當一個病人受傷或中風後沒有辦法產生手或腳的動作時，機器人提供他足夠的力量來運動，同時幫助復健。此種機器人必須要能夠滿足協助使用者步態行走。同時也需要預估使用者的移動意圖，並配合其動作方能達成輔助與復健的功能。

擬人化機器人(Humanoid robots)

擬人化機器人具備兩隻腿行走，是類似人類形狀的機器人。他們比輪式機器人有更多的優點，可以到地面不平的環境或上下樓梯。人形機器人的研究已有一段相當長的時間，現今的技術已有人形機器人可以跑步甚至翻筋斗。人形機器人的研究希望能有一個由人形機器人組成的機器人足球隊，在 2050 年與人類進行足球比賽。

根據業界估計機器人將成為與汽車工業並列的基礎產業。目前世界主要國家包括美國、英國、歐盟、中國大陸、日本都已將智慧型機器人列為創新產業，且大力投入開發新產品及新技術，韓國也將機器人列為十大新世代成長動力產業之一，投入大量資金、人力積極發展。我國從 2005 年開始積極發展智慧型機器人產業，希望在 2020 年成為智慧型機器人的主要製造國之一。

相關叢書介紹

書號：06107037
書名：C 語言程式設計(第四版)
　　　(附範例光碟)
編著：劉紹漢
16 K/688 頁/620 元

書號：06199
書名：智慧型機器人技術與應用
編著：莊謙本、周 明、蕭培墉、
　　　蘇崇彥
16 K/464 頁/520 元

書號：10465
書名：由淺入深：樂高 NXT 機器人與
　　　生醫應用實作
編著：林沛辰、許恭誠、張家齊、
　　　蕭子健
20 K/224 頁/280 元

書號：10456
書名：工業 4.0 理論與實務
編著：臺北科技大學
20 K/440 頁/590 元

書號：0599001
書名：人工智慧：智慧型系統導論
　　　(第三版)
編譯：李聯旺、廖珗洲、謝政勳
20 K/560 頁/590 元

書號：06148017
書名：人工智慧－現代方法(第三版)
　　　(附部份內容光碟)
編譯：歐崇明、時文中、陳 龍
16 K/720 頁/800 元

◎上列書價若有變動，請以
　最新定價為準。

流程圖

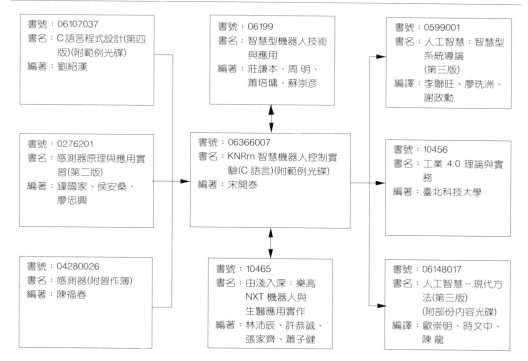

目 錄

Part **1**

KNRm 機器人
Eclipse 軟體開發環境&
機器人硬體元件介紹

Lab 1
Eclipse 整合開發環境

1-1　實驗目的

1. 學習 Eclipse 使用者介面與操作方式
2. 熟悉使用 Eclipse 編寫程式

1-2　原理說明

　　本書使用的版本為 Eclipse Neon，本章節將簡單介紹 Eclipse 開發環境介面及使用方式。

1-2-1　何謂 Eclipse？

　　Eclipse 是一個用於電腦程式編寫的整合開發環境(Integrated Development Environment, IDE)，屬於免費且開源的軟體(free and open-source software)，由 Eclipse 基金會管理與維護，圖 1-1 為 Eclipse 的標誌。Eclipse 的結構主要由工作區(Workspace)以及用於客製化工作環境的可擴充外掛系統(extensible plug-in system)組成，使用者可以透過安裝 plug-in 讓 Eclipse 符合自己的開發需求。Eclipse 的主要功能在於開發 Java 的應用程式，使用者想要在 Eclipse 上以其他程式語言開發應用程式，例如：本書使用的 C 與 C++，必須至 Eclipse 官方網站下載所需之 Development Tools，並配合其他 plug-in 的安裝。

圖 1-1　Eclipse 標誌

　　本章節著重於使用 C 與 C++在 Eclipse 上進行應用程式的開發，教導讀者如何設定 Eclipse 以及相關 plug-in 的安裝。如果讀者想要使用其他程式語言在 Eclipse 上進行應用程式的開發，可以透過相關書籍與網路資源學習設定方法以獲得所需之 plug-in 資訊。

1-2-2 安裝 Eclipse Neon 與 MinGW

1. 至 Java 官方網址下載：

    (1) Java SE Development Kit (JDK，Java 開發工具包)，選擇適合的版本安裝，網址：

    http://www.oracle.com/technetwork/java/javase/downloads/jdk8-downloads-2133151.html

    (2) Java SE Runtime Environment (JRE，Java 執行環境)，為了銜接後面 KNRm 機器人的課程，此處 JRE 請安裝 x86 或 x64 版本。網址：

    http://www.oracle.com/technetwork/java/javase/downloads/jre8-downloads-213315
    5.html

    JDK 與 JRE 為使用 Eclipse 前所必須安裝的軟體，如果 Eclipse 無法正常開啓，請記得檢查是否已安裝 JDK 與 JRE。若 JRE 安裝 x86 無法順利使用，需改裝 x64 的版本。

2. 至 Eclipse 官方網站的 Eclipse Neon R Packages 頁面，下載 Eclipse IDE for C/C++ Developers，選擇適合作業系統之版本並安裝，如圖 1-2 所示。

    網址：https://www.eclipse.org/downloads/packages/release/Neon/R

圖 1-2　Eclipse IDE for C/C++ Developers

到這一步驟為止，Eclipse 已經能正常開啓，並且也能從 File→New 選擇 C Project 或 C++ Project。然而，當讀者想進行 Hello World 的測試時，打完程式碼之後，對著 Project 按右鍵，選擇 Build Project，會發現程式無法被編譯(Build)，或者出現錯誤。這時需安裝 MinGW 以解決問題！

3. 下載並安裝 MinGW

    MinGW(Minimalist GNU for Windows)提供一套完整的開源程式開發工具給 Windows 用戶使用的整合軟體，其中所含之 GNU Compiler Collection(GCC)則包括 C、C++、ADA 和 Fortran 的編譯器。

    安裝步驟：

    (1) 至 http://sourceforge.net/projects/mingw/下載 MinGW 並安裝。

(2) 依照圖 1-3 所示，在各檔案(方框中有箭頭者)按右鍵，選 Mark for Installation，
分別為：mingw-developer-toolkit、mingw32-base、mingw32-gcc-g++、msys-base。

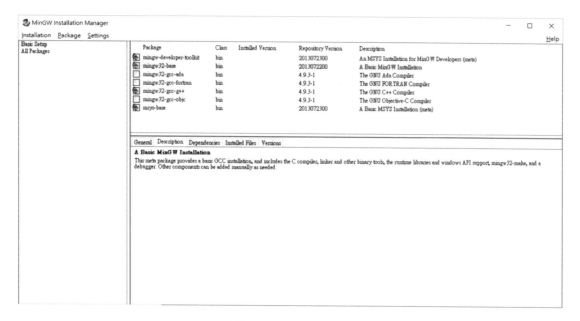

圖 1-3　MinGW 介面

(3) 點選左上角 Installation→Apply Changes，接著點選 Apply 進行安裝，如圖 1-4
所示。

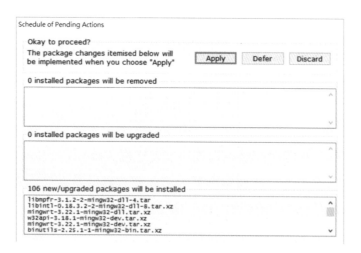

圖 1-4　MinGW 安裝介面

(4) 安裝完畢後，至 C:\MinGW\bin 將 mingw32-make.exe 重新命名為 make.exe。

(5) 右鍵點選「我的電腦」→內容→進階系統設定→環境變數→選取 Path，如圖 1-5 所示。

(6) 新增→將 make.exe(原 mingw32-make.exe)的位址新增至 Path，如圖 1-6 所示。

註 建議將 MinGW 的路徑放在最前面，避免在某些情況下與其他開發工具(例如：Visual Studio) 產生衝突。

圖 1-5 環境變數介面

圖 1-6 編輯環境變數－新增 Path

依序安裝 JDK、JRE、Eclipse IDE For C/C++ Developers、MinGW 後，讀者可以對開發之程式碼進行編譯了，接下來將帶領讀者練習如何在 Eclipse 上建置專案(Project)。

1-2-3 新增專案

藉由專案的方式，將開發的應用程式所需要之程式碼，包含 Source Code 與 Header File，集中於一個專案中進行管理與維護，避免程式碼散落各處而雜亂無章。這一小節介紹 Eclipse 建置專案的步驟與須留意的細節。

1. 開啟 Eclipse 時，Eclipse 會詢問使用者 Workspace(工作區)的名稱與路徑，如圖 1-7 所示。選擇或建立一個資料夾作為 Eclipse 的 Workspace，未來可以依需求更改 Workspace 的名稱與路徑。Workspace 用於存放 Eclipse 使用者所建立的檔案與資料，將這些檔案集中管理。未來讀者建立數個 Workspace 之後，可以直接透過 File→Switch Workspace 切換 Workspace，不用重開 Eclipse 選擇已建立的 Workspace。

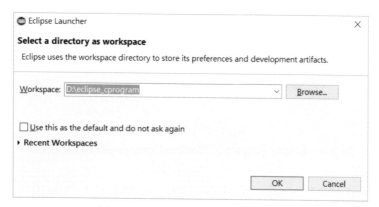

圖 1-7　Eclipse Workspace 設定

2. File→New→C Project→輸入 Project Name→Toolchains 選擇 MinGW GCC→Project type 依需求選擇 Empty Project 或 Hello World ANSI C Project。依照上述步驟便能建立自己的專案，C++的專案建置方式與 C 相同。

3. Empty Project 與 Hello World ANSI Project 的差別

   (1) EmptyProject，顧名思義是完全空白的專案，不含任何程式碼，必須自行新增 Source File 與 Header File。新增 SourceCode 時，要記得在檔案名後方加上副檔名：SourceFile 加上".c"代表 C 語言程式碼，加上".cpp"代表 C++程式碼；Header File(標頭檔)加上".h"。Empty Project 的特性請參考圖 1-8 與圖 1-9。

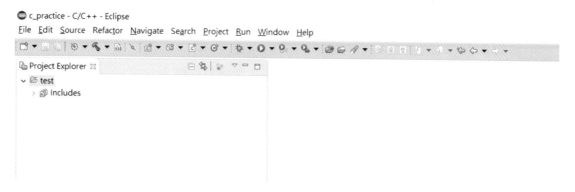

圖 1-8　安裝 MinGW 後之 Empty Project 初始樣貌

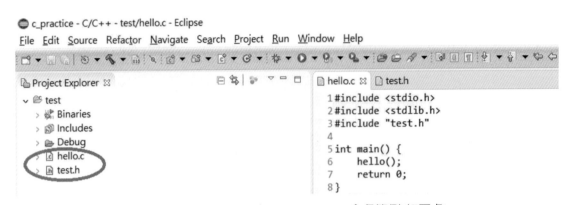

圖 1-9　Empty Project 之 Source Code 命名範例(紅圈處)

(2) Hello World ANSI C Project 是預設的 Project 範本，如圖 1-10 所示。

圖 1-10　Hello World ANSI C Project

4. 在 Project 上按右鍵→BuildProject。

5. Build 成功後→在 Project 上按右鍵→Run As→LocalC/C++Application
   小提醒：選擇 Run Configuration，在 Project 的欄位選擇欲執行的專案，在 C/C++Application 的欄位，點選 SearchProject 選擇執行檔。

6. 編譯資訊與執行結果會出現在 Console 視窗。圖 1-11 與圖 1-12 分別為 Hello World ANSIC Project 的編譯資訊與執行結果。

```
Problems  Tasks  Console ⊠  Properties
CDT Build Console [test]
11:26:30 **** Rebuild of configuration Debug for project test ****
Info: Internal Builder is used for build
gcc -O0 -g3 -Wall -c -fmessage-length=0 -o "src\\test.o" "..\\src\\test.c"
gcc -o test.exe "src\\test.o"

11:26:30 Build Finished (took 703ms)
```

圖 1-11　專案 test 的編譯資訊

```
Problems  Tasks  Console ⊠  Properties
<terminated> (exit value: 0) test.exe (1) [C/C++ Application] D:\eclipse_cprogram\c_practice\test\Debug\test.exe
!!!Hello World!!!
```

圖 1-12　專案 test 的執行結果

1-2-4　實作展示

1. 使用 Eclipse 完成猜數字功能。

2. 電腦亂數產生 0～99 的整數，玩家輸入整數猜測電腦產生的數值，電腦將回傳此猜測數字與正確解答的比較結果：比較大、較小或相等。

註　使用 scanf 時，若 scanf 沒有發揮功能，可以嘗試使用 fflush (stdout)，如圖 1-13 所示：

```
31          fflush(stdout);
32          scanf("%d", &guess_num);
```

圖 1-13　scanf

3. 程式必須能持續運作直到猜中或緊急停止為止，輸出結果可參考圖 1-14。

現在，了解 Eclipse 是一款免費且開源的整合開發環境，透過 Extensible Plug-in System，將想要使用之程式語言的開發工具以及一些外掛軟體放進 Eclipse 中，使得使用者能使用習慣的程式語言進行應用程式的開發。除此之外，也學習了如何在 Eclipse 上建置專案，透過專案的方式維護與管理程式碼，也透過 Build Project 將專案進行編譯，並且使用 Run As 執行專案。目前已經能夠在 Eclipse 針對自己的需求進行應用程式的開發了！接下來將學習如何使用 Eclipse 為 KNRm 機器人控制器編寫程式，並練習透過 Eclipse 與 KNRm 控制器進行連線的方法。

```
Welcome to Number Guessing!!
Game Start!!

You can input 100 to leave the game.
Guess the number(0~99):40

Your guess is bigger than the answer!!
Please try again

You can input 100 to leave the game.
Guess the number(0~99):30

Your guess is smaller than the answer!!
Please try again

You can input 100 to leave the game.
Guess the number(0~99):100

Leave the game!!
The answer is 32
```

圖 1-14　猜數字程式之輸出結果

 ## 1-3　KNRm 設定與 C 函式庫使用說明

1-3-1　軟體需求

使用 KNRm 機器人控制器的 C 函式庫前，有幾款軟體必須先安裝於電腦中，才能讓程式編寫與測試順利進行。需要事先安裝的軟體分別為：

1. C/C++ Development Tools for NI Linux Real-Time,Eclipse Edition 2013
　　－取得適合 KNRm 的編譯器，即 arm-none-linux-gnueabi 之 toolchain
　　－下載網址：http://www.ni.com/download/labview-real-time-module-2013/4286/en/

2. Java SE Runtime Environment,x86 版本
　　－此軟體已於 1-2-2 節安裝 Eclipse 前完成安裝。

1-3-2　安裝步驟

1. 新增環境變數

   (1) 在「我的電腦」按右鍵，點選「內容」，選擇「進階系統設定」。

   (2) 進入「環境變數」視窗，選取 Path，點選編輯，如圖 1-5 所示。根據作業系統的不同，將下列變數輸入於 Path 中。

   64-bit Windows:

   C:\Program Files (x86)\National Instruments\Eclipse\toolchain\gcc-4.4-arm\i386\bin

   32-bit Windows:

   C:\Program Files\National Instruments\Eclipse\toolchain\gcc-4.4-arm\i386\bin

   註 建議依照上述路徑前往資料夾中確認

2. 設定 KNRm 主機

   (1) 將 KNRm 以 USB 連上電腦主機，會立即顯示 NI myRIOUSBMonitor，如圖 1-15 所示。

   (2) 初次使用時，點選 Launch the Getting Started Wizard 開始設定，記錄主機的 IP 位置。若出現以下畫面，請選擇 Install the recommended software set，接著按 Next，如圖 1-16 所示。

圖 1-15　myRIO USB Monitor

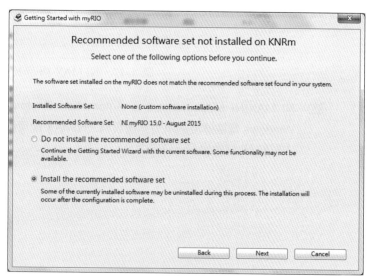

圖 1-16　Getting Started Wizard

(3) 安裝 KNROS3.0LabVIEWSoftwareInstaller。完成安裝後,開啓 NIMAX 進行 KNRm 控制器的設定。進入 NI MAX 頁面後,從左邊點選「Remote System」搜尋與電腦主機連線的 KNRm 控制器。點選該控制器後,透過右邊介面,在「Startup Settings」中將「Console Out」與「Enable Secure Shell Server (sshd)」勾選。最後點選 Save,並點選 Restart 重新啓動 KNRm 控制器。介面如圖 1-17 所示。

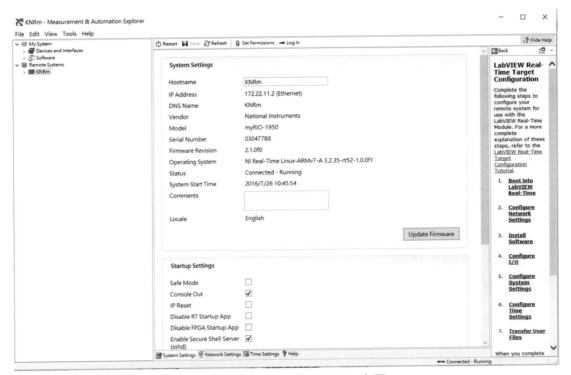

圖 1-17　NI MAX 設定 KNRm 介面

> 註　NI MAX(NI Measurement & Automation Explorer)類似 Windows 的裝置管理員,管理與 Windows 電腦連接的所有週邊設備。NIMAX 則可以管理所有 NI 軟、硬體,此應用程式將與 大多數 NI 軟體組合一併安裝。

1-3-3　將 C 函式庫匯入 Eclipse

1. 啟動 Eclipse，設定 Workspace 名稱與路徑。

2. 在工具列選單中點擊 File→Import，會出現 Import 視窗。

3. 在 Import 視窗選擇 General→Existing Projects into Workspace，點下一步進入匯入視窗，如圖 1-18(a)所示。

4. Import Project 在視窗中選擇 Select archive file，點擊 Browse 瀏覽檔案，選擇 KNRmC.zip。將內容勾選後按 Finish 匯入至 Workspace 中，如圖 1-18(b)所示。匯入成功後，在 Project Explorer 區塊中會顯示 KNRmC.zip 的檔案。

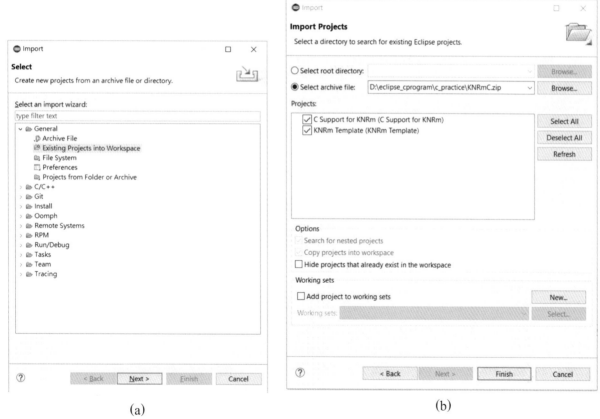

(a)　　　　　　　　　　　　　　　　　　　(b)

圖 1-18　將 C 語言函式庫匯入 Eclipse (a)匯入視窗(b)選擇匯入檔案

1-3-4　向 KNRm 進行 SSH 連線

第一次以 Eclipse 連接 KNRm 控制器，請依照下列步驟建立連線裝置

1. 新增 Remote System Explorer 視窗。在 Eclipse 工具選單中點擊
   Window→Perspective→Open Perspective→Other，選擇 Remote System Explorer 後，
   按下 OK。新增後，讀者可以透過 Eclipse 右上方的工具列切換顯示的視窗，圖 1-19
   為 Remote System Explorer 圖示。

圖 1-19　Eclipse 右上方工具列

2. 進入 Remote System Explorer 視窗，對「Local」按右鍵，點選「Import」，將新連
   線資訊匯入 Remote Systems 選單中，如圖 1-20 所示。

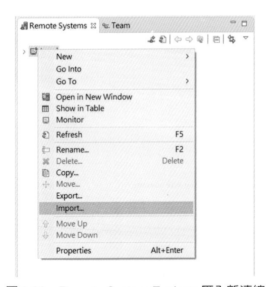

圖 1-20　Remote System Explorer 匯入新連線　　　圖 1-21　新連線位置

3. 如果讀者已經將 C 函式庫匯入 Eclipse 的 Workspace，則點選 Import 之後，可以找
   到 C Support for KNRm 資料夾，選擇資料夾中的 KNRmConnection，最後按「開
   啟」。如果匯入成功，會在 Remote Systems 區塊中顯示新的連線「172.22.11.2」，即
   為 KNRm 的連線位置，如圖 1-21 所示。

4. 對 KNRm 進行連線，在 Remote Systems 區塊中，於裝置圖示上點選右鍵，選擇 Connect 進行連線，如圖 1-22 所示。

圖 1-22　對 KNRm 進行連線

5. 此時會需要輸入 User ID 與 Password，預設 User ID：admin、Password：空白。如果按下 Connect 時，顯示的 User ID 不是 admin，直接將它改成 admin，才能正常連線。

6. 連線時會出現確認視窗，一直點擊 OK 即可。連線成功後，在裝置圖案上會顯示綠色箭頭(此處箭頭會出現在企鵝圖右上)。若連線失敗，請檢查以上設定，並確認 KNRm 與電腦主機是否以 USB 連接，再嘗試一次。

　　現在已經學會如何與 KNRm 機器人控制器連線了，接下來藉由範例程式讓讀者學習傳送程式的流程與方法，未來便能直接將自己所編寫的程式依照相同的步驟傳送給 KNRm 控制器，進而實作 KNRm 的控制。

1-3-5 在 KNRm 上執行 C 程式

1. 編譯 KNRm 專案

   (1) 使用 C/C++視窗分頁，如圖 1-23 所示。如果 Eclipse 的 C/C++視窗分頁尚未開啓，則在工具列選取 Window→Open Perspective→Other，選擇 C/C++(default)。

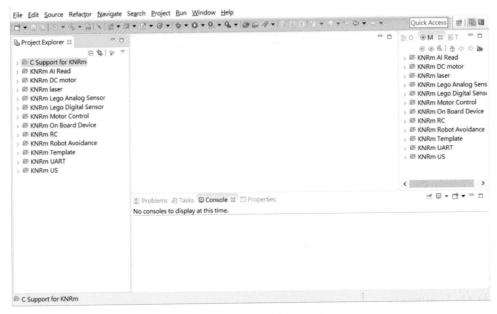

圖 1-23　C/C++視窗分頁

   (2) 在 Project Explorer 視窗，選擇任意已存在的範例檔案，右鍵點專案，點擊 Build Project，進行建置。

2. 執行 KNRm 專案

   (1) 執行程式時，右鍵點專案或者使用上方工具列，選擇 Run As→Run Configurations 進行設定。

   (2) 在 Run Configurations 視窗中，如圖 1-24 所示，展開 C/C++ Remote Application 並選擇要執行的專案名稱。在 Project 的欄位選擇欲執行的專案，在 C/C++ Application 欄位，以 Search Project 的方式選擇執行檔。Remote Absolute File Path for C/C++ Application 欄位應會顯示/home/admin/<Project Name>。

   註　若 Search Project 顯示為空白或沒有符合的執行檔，請先執行 Build Project 的動作

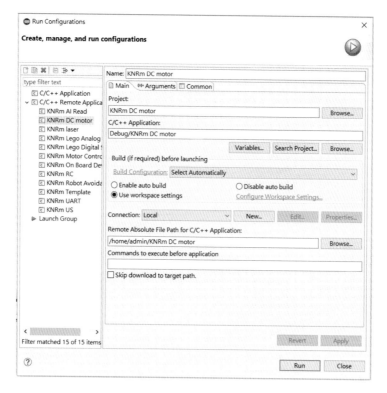

圖 1-24　Eclipse Run Configuration

(3) 在 Connection 處點擊
　　「New」，新增連線。
　　Choose connection type
　　選擇「SSH」，如圖 1-25
　　所示。

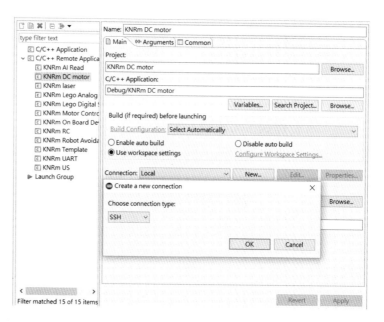

圖 1-25　新增 SSH 連線

(4) Connection name：自訂名稱，自由為連線取名，圖 1-26 以 KNRm 為例

Host：填入 KNRm 的 IP 位址，可至 Remote System Explorer

User：填入 admin

按 Finsh 完成設定！

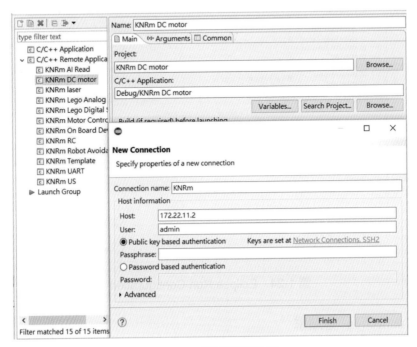

圖 1-26　連線資料設定

(5) 選擇剛才設定完成的 Connection，此處以 KNRm 為例，選擇後便能按 Run 執行程式了，如圖 1-27 所示。

(6) 如果出現如圖 1-28 之錯誤訊息，則確認設定與專案選擇無誤後，再 Run 一次！

(7) 點擊 Run 開始執行程式時，程式的執行結果會顯示在 Console 中。

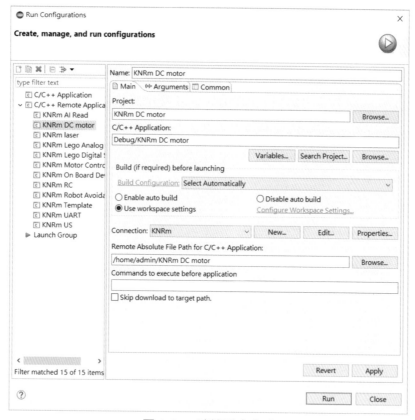

圖 1-27　連線設定完成

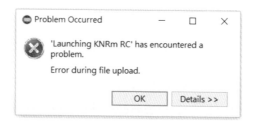

圖 1-28　Error

3. 偵錯設定

(1) 若需執行 Debug 進行偵錯，在 Project Explorer 的專案圖示點擊右鍵進入 Debug Configuration 進行設定，如圖 1-29 所示。Main 分頁設定內容與上述 Run 相同。而在 Debugger 分頁，需將 GDB debugger 欄位設定為 "arm-none-linux-gnueabi-gdb.exe"。

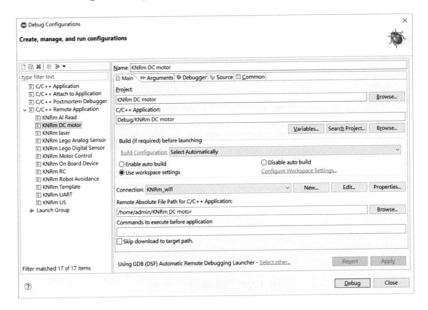

圖 1-29　Debug Configuration

(2) 進行 Debug 後則會進入 Eclipse Debug 視窗分頁，此時可執行中斷點、數值監控、逐行執行等偵錯功能。

(3) 在使專案的建置方式爲 Debug 方式的時候，若要修改爲 Release 方式，則在專案右鍵選單中選擇 Build Configurations→SetActive→Release。

1-3-6　開啓新專案

1. 使用 Template 編寫 KNRm Robot Program

讀者可以使用教材提供的 KNRm 控制器程式的模板，即 KNRmC.zip 中的 KNRm template，進行程式的開發與設計，節省鏈結函式庫與其他繁瑣的設定時間，以下針對 KNRm Template 的使用進行說明。

(1) 匯入 KNRm 專案後，可以看到有一個 KNR Template 專案在 Project Explorer 視窗中，此專案已包含基本的 KNRm 程式架構，可直接加入程式碼執行使用。若往後需要新增專案，可再使用 File→Import→Existing Projects into Workspace 的方式，匯入 KNRmC.zip 下的 KNRm Template。

(2) 在同一個 Eclipse Workspace 環境下，各專案都要有不同的名稱，在 KNRm Template 專案點擊右鍵，選擇 Rename 進行更名，名稱必須是唯一的。

(3) 點擊 Build Project 重新建置專案，爲避免混淆，欲執行該程式時記得到 Run Configurations 修改內容：① Name 欄代表在圖左所顯示的名稱，即在 Eclipse 內執行檔的名稱，②右下方框則表示程式執行檔會存放於 KNRm 的位置以及名稱，名稱請用底線連接分開的文字，例如：KNRm_Template。如圖 1-30 所示。

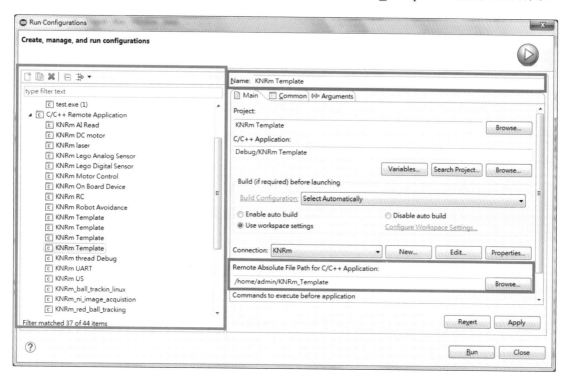

圖 1-30　Run Configurations

(4) 更換 Workspace，例如：使用 Switch Workspace 後，透過 File→Import→Existing Projects into Workspace 將 KNRmC.zip 匯入，即可使用 KNRm Template 的 main.c 進行 Project 的編輯。

1-4　C Support for KNRm

此資料夾下含有 KNRm 函式庫的標頭檔(Header File)與資源檔(Source File)存放於 KNRmCTool 資料夾中，所有的程式都會以鏈結的方式使用此資料夾下的函式庫。每個 KNRm 程式中都會有一個鏈結資料夾至 KNRmCTool，會在圖示上顯示一個箭號，如圖 1-31 所示。

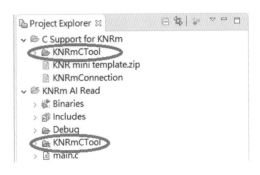

圖 1-31　KNRm 函式庫與專案鏈結

1-5　輔助軟體－FileZilla

讀者可以藉由免費軟體 FileZilla 與 KNRm 連線，檢視 KNRm 內部的檔案，也可以將電腦的檔案傳送給 KNRm 或者將 KNRm 內的檔案傳回電腦。使用方法：將 KNRm 與電腦連接，接著開啟 FileZilla，設定以下資訊：

(1) 主機(Host)：172.22.11.2，可以透過 NI MAX 得到 KNRm 的 IP 位址。

(2) 使用者名稱(Username)：admin

(3) 密碼(Password)：KNRm 沒有預設密碼，此欄空白即可。

(4) 連接埠(Port)：22

接著，點選快速連線(Quickconnect)，即可與 KNRm 連線，如圖 1-32 所示。圖中間左框處為電腦中的檔案資訊，右框處為 KNRm 內的檔案資訊。

下載網址：https://filezilla-project.org/，點選 Download FileZilla Client

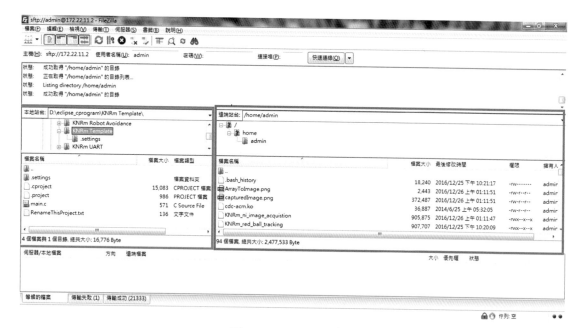

圖 1-32　FileZilla 介面

Lab 2

KNRm 機器人介紹

2-1　實驗目的

1. 認識 KNRm 機器人控制系統
2. 組裝 Matrix 機器人平台

2-2　原理說明

2-2-1　KNRm 機器人控制系統

　　KNRm 機器人控制系統可作爲一套適用於教學、競賽、機器人開發等應用領域的機器人開發平台，提供使用者輕鬆整合感測器、馬達、金屬機構與其應用軟體。使用 NI myRIO 嵌入式系統、NI LabVIEW 爲核心，爲了能夠使廣大 C 語言使用者參與，本書亦提供 Eclipse 開發環境，圖 2-1 中展示了 KNRm 機器人控制系統，同時提供了易於使用且功能強大的軟硬體元件。一旦熟悉了 KNRm 的基本操作，可快速實現更進階的機器人專題或應用，獲得更好的機器人應用經驗，從機器人競賽的開發平台、學校的教學實驗到專題設計時的創意開發，都可快速利用 KNRm 來完成。

圖 2-1　KNRm 機器人系統套件

2-2-2　KNRm 機器人控制器的硬體配置與外部介面

　　KNRm 使用 NI myRIO 嵌入式系統作為控制核心，NI myRIO 上內建處理器與記憶體，讓使用者可以輕鬆地把應用程式放到上面來執行。在通訊介面上也有豐富的支援，包含 CAN、RS232、USB 等介面，此豐富性讓 KNRm 可應用的領域變得更豐富，例如：某些雷射測距儀是透過 RS232 傳輸資料，使用者可以快速地將其連接到 KNRm 控制器上。除此之外，NI myRIO 包含了可重覆燒錄的 FPGA 晶片，提供給使用者更彈性的開發，例如：使用者可以把機器人控制演算法放到 FPGA 晶片做運算，即可降低處理器負擔，獲得更快的反應時間。

　　KNRm 的外部介面定義了常用的機器人設備連接埠，以模組化的方式整合各種介面，如馬達、超音波、紅外線等，並且提供足夠的電源輸出。使用者可以快速地將感測器或致動器與 KNRm 控制器連接，無需再為周邊設備的連接煩惱。圖 2-2 為 KNRm 控制器的一側，提供類比輸入通道、直流馬達連接埠、電源供應輸出、RS232 通訊介面(COM)。圖 2-3 為 KNRm 控制器的一側，提供超音波感測器連接埠、LEGO 連接埠、類比輸入連接埠、紅外線感測器連接埠、UserBTN。圖 2-4 為 KNRm 控制器的一側，提供直流馬達連接埠、電源供應輸出、UART、外部電源、RC 馬達連接埠。圖 2-5 為 KNRm 控制器的一側，提供內部電源、保險絲、開關、電池選擇鍵、USB 連接埠、RESET。

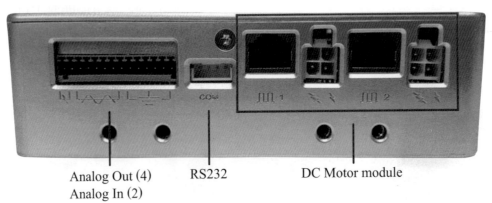

圖 2-2　KNRm 外部介面：類比輸入通道、直流馬達連接埠、電源供應輸出、RS232 通訊介面（COM）

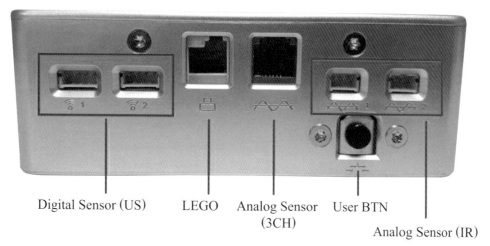

Digital Sensor (US)　　LEGO　　Analog Sensor　　User BTN
　　　　　　　　　　　　　　　　(3CH)
　　　　　　　　　　　　　　　　　　　　　　Analog Sensor (IR)

圖 2-3　KNRm 外部介面：超音波感測器連接埠、LEGO 連接埠、類比輸入連接埠、
　　　　紅外線感測器連接埠、User BTN

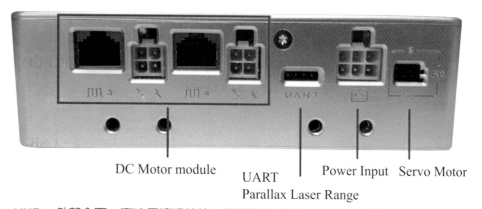

DC Motor module　　UART　　　Power Input　Servo Motor
　　　　　　　　　　Parallax Laser Range

圖 2-4　KNRm 外部介面：直流馬達連接埠、電源供應輸出、UART、外部電源、RC 馬達連接埠

Power Switch　　　　　　　　　　　　　Power Switch

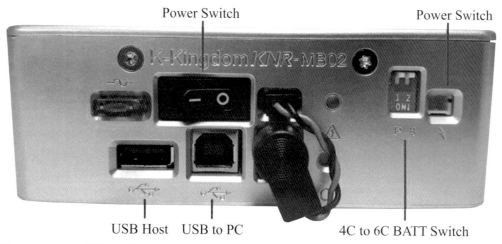

USB Host　USB to PC　　　　　4C to 6C BATT Switch

圖 2-5　KNRm 外部介面：內部電源、保險絲、開關、電池選擇鍵、USB 連接埠、RESET

KNRm 硬體規格：

- NI myRIO 嵌入式系統
- 內建 677MHz 處理器
- 256MB DDR3 記憶體
- 通訊介面 CAN、RS232、USB 等
- 內建 Xilinx Z-7010 FPGA
- 6-16V DC 電源輸入
- PWM 輸出
- Pulse 波寬量測
- DC 馬達驅動

2-2-3　KNRm 的電池與充電器

　　KNRm 套件以鋰電池提供電力，提供核心控制器所需的直流電源，也可轉接出電力給周邊設備，例如：感測器、無線基地台、擴充連接埠、DC 馬達等使用。免去使用者關於電源方面的煩惱。

　　圖 2-6 為可重複使用之鋰電池，電壓為 14.8V，電容量為 3,300 mAh，可使用專用充電器進行充電。使用時請避免電池過放電造成電池無法充電，不繼續使用時記得從 KNRm 機器人上取下，也應該避免讓電池正負極接觸造成高溫使線材燒毀。

(a)　　　　　　　　　　　　(b)

圖 2-6　(a)鋰電池充電器(b)鋰電池 14.8V

2-3　Matrix 機器人工具組

2-3-1　Matrix Robot 介紹

　　圖 2-7 爲 Matrix 機器人工具組，其中包括鐵條、齒輪、框架、固定用元件、輪子等等，所有金屬元件都有相同的鑽孔規格，可用螺絲鎖定成爲強而有力的機構，亦可重複拆卸組裝，很輕易地便可調整並更換機器人架構。Matrix 工具組含有豐富的零件以及各種的造型來設計機器人的外型，可以在最短的時間內發揮創意及想像力打造獨一無二且客製化的機器人。

圖 2-7　Matrix 機器人工具組

2-3-2　組裝 Matrix Robot

　　本小節將使用 Matrix 工具組組裝一台輪式機器人，如圖 2-8 所示，並將 KNRm 主機以及兩驅動輪之直流馬達安裝至機器人上。此輪式機器人的前輪直接以直流馬達提供動力，後輪爲一支全向輪(Omni Wheel)，減少機器人轉向時的阻力。

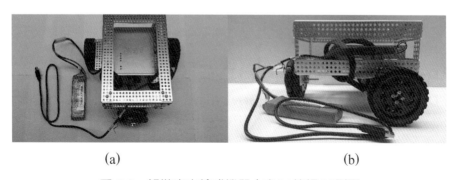

(a)　　　　　　　　　　　　　　　　　(b)

圖 2-8　組裝完之輪式機器人之(a)俯視(b)側面

組裝流程：

1. 全向輪(Omni Wheel)

   所需材料：Omni
   Wheel*1、D shaft*1、
   4mm hub*1、XL shaped
   beam – 13 hole*1、
   screw-flat point*2，如圖
   2-9 所示。

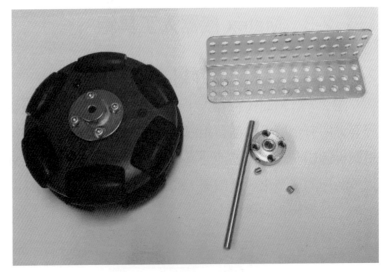

圖 2-9　組裝全向輪所需材料

組裝步驟：

(1) 將 D shaft 穿過全向
    輪，並利用 screw-
    flat point 固定，如
    圖 2-10(圓圈處)所
    示。

圖 2-10　將 D shaft 穿過全向輪

(2) 將 D shaft 穿過 XL shaped beam – 13 hole 第一排正中間的孔，如圖 2-11 所示。
(3) 將 D shaft 穿過 4mm hub，並用 screw-flat point 固定，如圖 2-12(圓圈處)所示。
(4) 完成圖，如圖 2-13 所示。

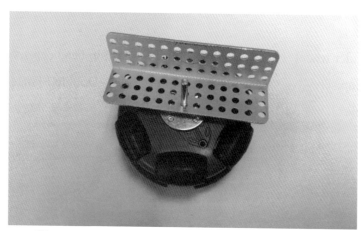

圖 2-11　將 D shaft 穿過 XL shaped beam – 13 hole 第一排正中間的孔

圖 2-12　將 D shaft 穿過 4mm hub

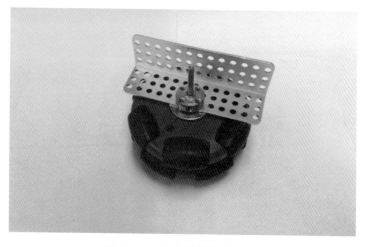

圖 2-13　全向輪組裝完成圖

2. 馬達(單邊)

所需材料：wider wheel*1、DC 馬達*1、20mm M4 button head cap screw*4、16mm M4 button head cap screw*4、4mm hub*1、Motor Plate – Double Flanged*1、XL shaped beam – 13 hole*1，如圖 2-14 所示。

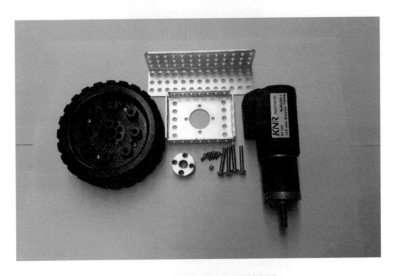

圖 2-14　組裝馬達所需材料

組裝步驟：

(1) 將 20mm M4 button head cap screw 分別旋入 wider wheel 的正面，圖 2-15 為此步驟所需材料，圖 2-16 為此步驟之完成圖。

圖 2-15　20mm M4 button head cap screw 與 wider wheel

圖 2-16　將 20mm M4 button head cap screw 旋入 wider wheel

(2) 將 4mm hub 裝在 wider wheel 之背面，並使用旋入 wider wheel 的 button head cap screw 將 4mm hub 固定，如圖 2-17 所示。

圖 2-17　使用旋入 wider wheel 的 button head cap screw 將 4mm hub 固定

(3) 將 Motor Plate – Double Flanged 固定於 DC 馬達上，圖 2-18 為此步驟所需材料，圖 2-19 為此步驟之完成圖。

圖 2-18　Motor Plate – Double Flanged 與 DC 馬達

圖 2-19　將 Motor Plate – Double Flanged 固定於 DC 馬達上

2-10

(4) 將馬達與 wider wheel 連接，並使用 screw-flat point 固定，如圖 2-20 (圓圈處) 所示。

圖 2-20　將馬達與 wider wheel 連接，並使用 screw-flat point 固定

(5) 將 XL shaped beam – 13 hole 固定於 Motor Plate – Double Flanged 上，圖 2-21 為此步驟所需材料，圖 2-22 為此步驟之完成圖。

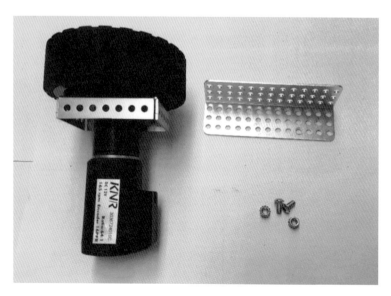

圖 2-21　XL shaped beam – 13 hole、Motor Plate – Double Flanged、DC 馬達、wider wheel

圖 2-22 將 XL shaped beam – 13 hole 固定於 Motor Plate – Double Flanged 上

(6) 兩邊馬達組裝完成圖，圖中的馬達，由左而右代表左馬達、右馬達(可見標籤者)，如圖 2-23 所示。

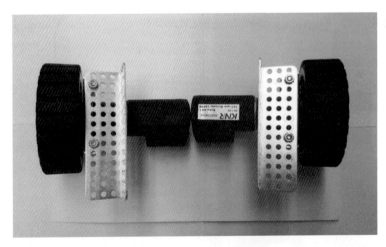

圖 2-23 兩邊馬達組裝完成圖

3. KNRm 控制器

    所需材料：KNRm 控制器*1、3x3 flanged plate – short edge*4，如圖 2-24 所示。

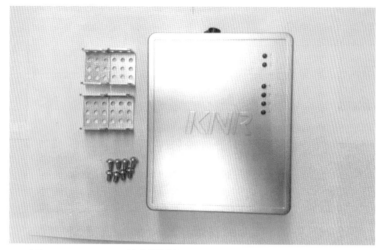

圖 2-24　KNRm 控制器與 3x3 flanged plate – short edge

組裝步驟：

(1) 將 3x3 flanged plate – short edge 固定於控制器上，如圖 2-25 所示。

圖 2-25　KNRm 控制器與 3x3 flanged plate – short edge

(2) 組裝完成,如圖 2-26 所示。

圖 2-26　將 3x3 flanged plate – short edge 固定於控制器上

4. 底座

所需材料:XL shaped beam – 29hole*2、XL shaped beam – 21 hole*2、3x9 flanged plate– short edge *4,如圖 2-27 所示。

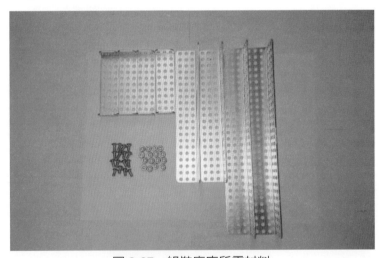

圖 2-27　組裝底座所需材料

組裝步驟:

(1) 將 XL shaped beam – 29hole、XL shaped beam – 21 hole 組合成四邊形,並用螺絲固定,如圖 2-28 所示。

圖 2-28　將 XL shaped beam – 29 hole、XL shaped beam – 21 hole 組合成四邊形

(2) 將 3x9 flanged plate– short edge 固定於 XL shaped beam – 21 hole 由下往上算的第二個孔，如圖 2-29 (圓圈處)所示，圖 2-30 為此步驟完成後之外部樣貌。

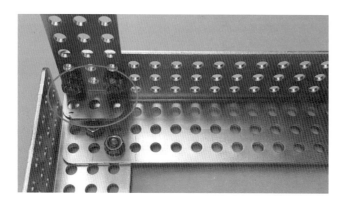

圖 2-29　將 3x9 flanged plate – short edge 固定於 XL shaped beam – 21 hole

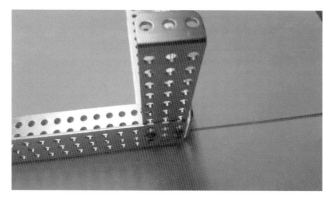

圖 2-30　將 3x9 flanged plate – short edge 固定於 XL shaped beam – 21 hole 外部樣貌

(3) 完成圖，如圖 2-31 與圖 2-32 所示。

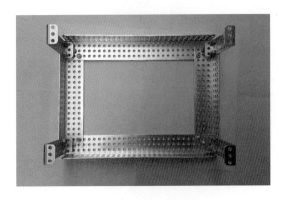

圖 2-31　底座俯視圖

圖 2-32　底座側視圖

5. 頂蓋

所需材料：XL shaped beam – 29hole*2、XL shaped beam – 21 hole*2，如圖 2-33 所示。

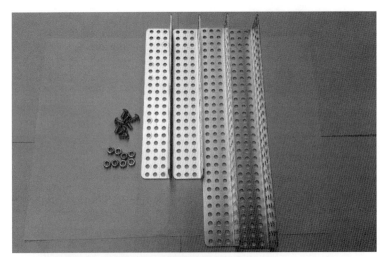

圖 2-33　組裝頂蓋所需材料

組裝步驟：

(1) 將 XL shaped beam – 29hole、XL shaped beam – 21 hole 組合成四邊形，並使用螺絲固定，圖 2-34 為頂蓋內側圖，圖 2-35 為頂蓋外側圖。

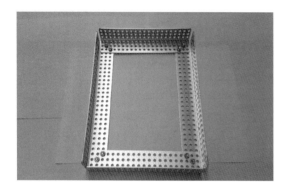

圖 2-34　頂蓋內側圖

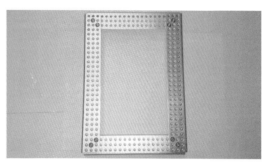

圖 2-35　頂蓋外側圖

6. 將 KNRm 控制器與馬達固定於底座上

(1) 將馬達上的 XL shaped beam – 13 hole 緊貼底座的 XL shaped beam – 29hole，並移至 XL shaped beam – 29 hole 的第三個孔，如圖 2-36 所示。

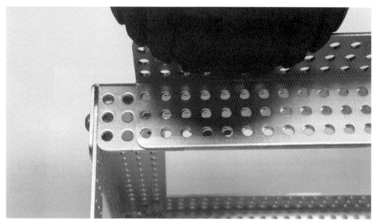

圖 2-36　將馬達上的 XL shaped beam – 13 hole 緊貼底座的 XL shaped beam – 29 hole

(2) 將控制器上的 3x3 flanged plate – short edge 貼緊馬達上的 XL shaped beam – 13 hole，並移至 XL shaped beam – 13 hole 的第四個孔，接著用螺絲固定，如圖 2-37 所示。

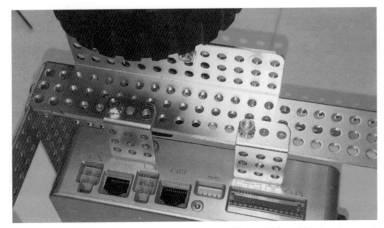

圖 2-37　將控制器上的 3x3 flanged plate – short edge 貼緊馬達上的 XL shaped beam – 13 hole

(3) 另一邊以相同方式組裝，兩邊組裝完成圖如圖 2-38 所示。

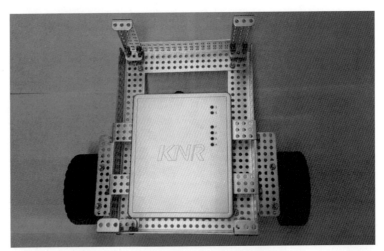

圖 2-38　將 KNRm 與馬達固定於底座上

7. 將全向輪安裝於底座上

組裝步驟:

(1) 將全向輪上的 XL shaped beam – 13 hole 固定於底座後方。螺絲所在位置為 XL shaped beam – 13 hole 第二排最右邊與最左邊的孔,如圖 2-39 (圓圈處)與圖 2-40 (圓圈處)所示。

圖 2-39　將全向輪上的 XL shaped beam – 13 hole 固定於底座後方之俯視圖

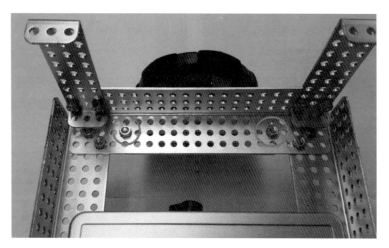

圖 2-40　將全向輪上的 XL shaped beam – 13 hole 固定於底座後方之內側圖

8. 連接馬達與 KNRm 控制器，標籤朝上的馬達為右馬達，標籤朝下者為左馬達。右馬達接線連接馬達連接埠 1，左馬達接線連接馬達連接埠 2，如圖 2-41 所示。

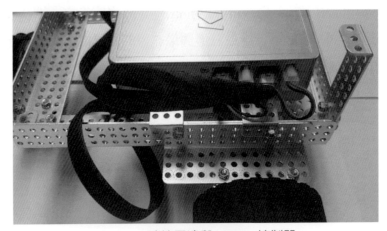

圖 2-41　連接馬達與 KNRm 控制器

9. 組裝頂蓋

組裝步驟：

(1) 將頂蓋的 XL shaped beam – 21 hole 固定於底座 3x9 flanged plate – short edge 由上而下第二排。頂蓋共有兩邊是 XL shaped beam – 21 hole，每邊有兩處 須以上述方式與底座連接。圖 2-42 (圓圈處)為內部模樣，圖 2-43 (圓圈處) 為外部模樣。

圖 2-42　將頂蓋的 XL shaped beam – 21 hole 固定於底座 3x9 flanged plate – short edge 之 內側圖

圖 2-43　將頂蓋的 XL shaped beam – 21 hole 固定於底座 3x9 flanged plate – short edge 之外側圖

10. 接上電源線後，Martix 機器人便組裝完成，如圖 2-44 所示。

圖 2-44　將電源線與 KNRm 連接

 ## 2-4　KNRm 鋰電池充電步驟

　　在電池進行充電前，需先備齊充電所需物品：電源線、充電器、變壓器、三孔插座、Li-Po 電池，如圖 2-45 所示，這些物品皆於 KNRm 工具箱中。如圖 2-46 所示，將充電器等電線進行連接，連接過程中紅色對紅色、黑色對黑色。連線的過程中，不要插上電源，避免造成危險。充電器組裝完成後，將電池與充電器連接，將 5 pin 的電壓偵測線與充電器連接，如圖 2-47(a)所示，再用電源線小心的接電池正負兩端，如圖 2-47(b)所示。當電池確定連接無誤後，最後才將電源插上，如圖 2-47(c)所示。當充

電器插上電源後 LED 呈現紅色,當充電完成後 LED 呈現綠色,並且電器會發出警示音「嗶」。充電完成後,請先拔除電源,再小心地將電池取下。

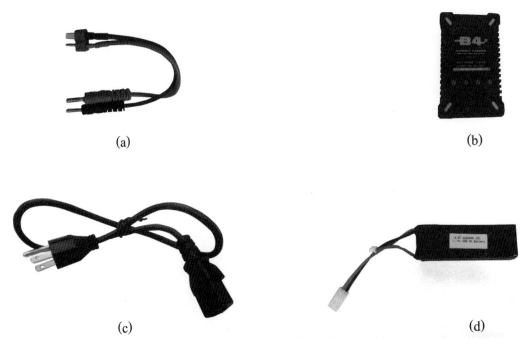

(a)

(b)

(c)

(d)

圖 2-45　KNRm 充電器工具組 (a)電源線 (b)充電器 (c)三孔插頭 (d) Li-Po 電池

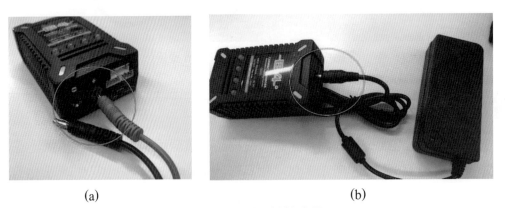

(a)

(b)

圖 2-46　充電器接線流程

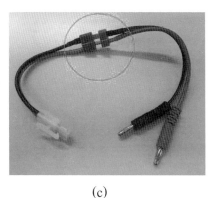

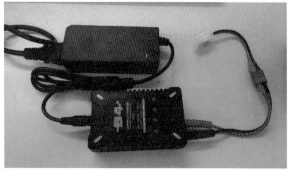

(c)　　　　　　　　　　　　　　　(d)

圖 2-46　充電器接線流程(續)

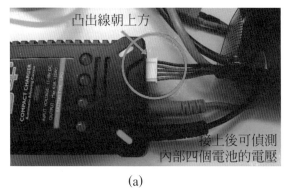

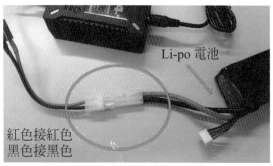

(a)　　　　　　　　　　　　　　　(b)

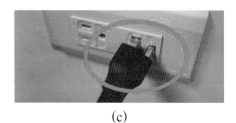

(c)

圖 2-47　連接時注意事項(a)將電池之 5 pin 電壓偵測接頭與充電器連接
(b)用鱷魚夾連接電池的正負極(c)將充電器插上電源

2-5 KNRm 控制函式

1. KNRm 主機操作函式

```
int KNRm_Open();
```

開啟與 KNRm 主機之連線，可透過回傳值檢測啟動 KNRm 主機成功與否。

回傳值：

    啟動 KNRm 成功：0。

    啟動 KNRm 失敗：小於 0。

```
int KNRm_Close();
```

關閉 KNRm 主機之連線，可透過回傳值檢測關閉 KNRm 主機成功與否。

回傳值：

    0：關閉 KNRm 成功。

    小於 0：關閉 KNRm 失敗。

```
void Set5VPower(int OnOff);
```

將 KNRm 主機之內建 5V 電源啟動或關閉。若有任何感測器或周邊接上主機，此 5V 電源必須啟動方可提供周邊設備 5V 之電源供應。

輸入：

    OnOff: 啟動或關閉 KNRm 外部電源。0：關閉、1：開啟

2. KNRm 主機感測器操作函式

KNRm 主機三軸加速規

```
double ReadOnBoardAccel_X();

double ReadOnBoardAccel_Y();

double ReadOnBoardAccel_Z();
```

擷取主機加速規 X、Y、Z 各軸數值。

回傳值：

各函式輸出值為單軸的加速度量值。

KNRm 主機之按鈕

```
int ReadOnBoardBtn();
```

此函式擷取主機上按鈕狀態。

回傳值：

函式輸出為按鈕狀態。0：放開、1：按下。

KNRm 主機 LED

```
void SetOnBoardLED(int LedNum, int OnOff);
```

控制主機上 LED 燈亮滅。

輸入：

LedNum：指定操作的 LED 位置，可輸入 LED 代號：LED0、LED1、LED2、LED3。

OnOff：點亮或關閉 LED。0：關閉、1：點亮。

3. DC 直流伺服馬達函式庫介紹

此函式庫中包含六個基本馬達操作函式：DC_MotorEnable、DC_MotorSetSpeed、DC_MotorReadPosition 、 DC_MotorReadVelocity 、 DC_MotorSetEncoderRev 與 DC_MotorResetPosition，使用者可直接設定馬達速度，進行馬達控制，並且擷取馬達編碼器位置與速度。每個馬達連接埠中都具有 1 組 PWM 訊號輸出與三組數位輸出訊號(Enable、INA、INB)，進階使用者可透過函式 DC_MotorSetPulsePeriodTime 以及 DC_MotorSetPulseHighTime 客製化 PWM 訊號的週期與 duty cycle；數位輸出訊號可透過 DC_MotorEnable、DC_MotorINA、DC_MotorINB 對指定腳位進行操作。

```
void DC_MotorEnable(int Port, int Enable);
```

啟動或禁止 DC 馬達的輸出。此功能為 DC 馬達的安全保護，若 DC 馬達需要轉動，此開關一定要開啟。

輸入：

Port：指定直流馬達的連接埠。KNRm 可直接輸入數字 1、2、3、4 對應馬達連接埠。

Enable：啓動或禁止馬達。1：啓動、0：禁止。

```
void DC_MotorSetSpeed(int Port, double Speed);
```

設定 DC 馬達的速度。

輸入：

Port：指定直流馬達的連接埠。KNRm 可直接輸入數字 1、2、3、4 對應馬達連接埠。

Speed：設定馬達速度。可設定範圍爲–100～100。

```
int DC_MotorReadPosition(int Port);
```

讀取 DC 馬達的編碼器讀數位置。

輸入：

Port：指定直流馬達的連接埠。KNRm 可直接輸入數字 1、2、3、4 對應馬達連接埠。

回傳值：

輸出 DC 馬達編碼器讀數位置，以編碼器 counts 爲單位。

```
double DC_MotorReadVelocity(int Port);
```

讀取 DC 馬達編碼器變化速度。

輸入：

Port：指定直流馬達的連接埠。KNRm 可直接輸入數字 1、2、3、4 對應馬達連接埠。

回傳值：

輸出 DC 馬達旋轉速度，以編碼器的 counts/sec 爲單位。

```
void DC_MotorSetEncoderRev(int Port, int Reverse);
```

反轉編碼器累積的方向。

輸入：

Port：指定直流馬達的連接埠。KNRm 可直接輸入數字 1、2、3、4 對應馬達連接埠。

Reverse：指定是否反轉編碼器累計方向。0：不反轉、1：反轉。

```
void DC_MotorResetPosition(int Port, int Reset);
```

將 DC 馬達編碼器歸零。

輸入：

Port：指定直流馬達的連接埠。KNRm 可直接輸入數字 1、2、3、4 對應馬達連接埠。

Reset：是否將編碼器數值歸零。0：無動作、1：歸零。

```
void DC_MotorSetPulsePeriodTime(int Port, int Time);
```

設定 DC 馬達驅動器 PWM 訊號波形週期。預設為 10000μs(100Hz)。

輸入：

Port：指定直流馬達的連接埠。KNRm 可直接輸入數字 1、2、3、4 對應馬達連接埠。

Time：設定週期時間，單位為 μs。

```
void DC_MotorSetPulseHighTime(int Port, int Time);
```

設定 DC 馬達驅動器 PWM 訊號的高電位時間，搭配 DC_motorSetPulsePeriodTime 調整 PWM 訊號的 Duty cycle。

輸入：

Port：指定直流馬達的連接埠。KNRm 可直接輸入數字 1、2、3、4 對應馬達連接埠。

Time：設定 PWM 高電位時間，單位 μs。

```
void DC_MotorINA(int Port, int INA);
```

將 DC 馬達驅動器的 INA 輸入設為 ON 或 OFF。

輸入：

> Port：指定直流馬達的連接埠。KNRm 可直接輸入數字 1、2、3、4 對應馬達連接埠。
>
> INA：指定馬達驅動器訊號的 INA 訊號。0：OFF、1：ON。

```
void DC_MotorINB(int Port, int INB);
```

將 DC 馬達驅動器的 INB 輸入設為 ON 或 OFF。

輸入：

> Port：指定直流馬達的連接埠。KNRm 可直接輸入數字 1、2、3、4 對應馬達連接埠。
>
> INB：指定馬達驅動器訊號的 INB 訊號。0：OFF、1：ON。

4. RC 伺服馬達函式庫介紹

此函式庫由三個函式組成，分別是 RC_PortPower、RC_SetPosition 與 RC_SetPulsePeriod。使用者可以使用 RC_PortPower 開啟或關閉 RC 馬達、RC_SetPosition 設定 RC 馬達的轉動位置。進階使用者則可以透過 RC_SetPulsePeriod 設定 RC 馬達所需之觸發波形週期。

```
void RC_PortPower(int Port, int Enable);
```

啟動或禁止 RC 馬達的輸出，此功能為 RC 馬達的安全保護，若 RC 馬達需要轉動，此開關一定要啟動。

輸入：

> Port：指定使用的 RC 馬達連接埠。輸入數字 4 或 10。
>
> Enable：啟動或禁止馬達。0：禁止、1：啟動。

```
void RC_SetPosition(int Port, int Channel,
int PulseWidth_uS);
```

設定 RC 馬達轉動之位置。

輸入：

　　Port：指定使用的 RC 馬達連接埠。輸入數字 4 或 10。

　　Channel：指定 RC 馬達的連接位置。當 Port 為 4 時，可輸入通道數字 1、2；
　　　　　　當 Port 為 10 時，可輸入通道數字 1～5。

　　PulseWidth_uS：指定 RC 馬達轉動的位置，單位為 μs。RC 馬達的中間位置為
　　　　　　1500 μs，可輸入的範圍為 700～2300 μs。

```
void RC_SetPulsePeriod(int Period_uS);
```

設定 RC 馬達所需的觸發波形週期。預設輸入為 20000 μs。

輸入：

　　Period_uS：輸入 RC 馬達訊號周期時間，單位為 μs。

5. 超音波測距模組函式庫介紹

　　此函式庫由三個函式組成，分別為 US_SetPulsePeriod、US_SetTriggerPulseWidth、US_ReadDistance。使用者可以直接使用 US_ReadDistance 從 Parallax PING))) 超音波測距模組取到距離的數值，進階使用者則可以使用 US_SetPulsePeriod 設定超音波感測器所需的觸發波形週期，或者使用 US_SetTriggerPulseWidth 設定超音波感測器所需的觸發波形時間。

```
void US_SetPulsePeriod(uint32_t Value);
```

設定超音波感測器所需的觸發波形週期。預設值為 10000 μs。

輸入：

　　Value：設定觸發波形週期，單位為 μs。

```
void US_SetTriggerPulseWidth(uint32_t Value);
```

設定超音波感測器所需的觸發波形時間。預設值為 5 μs。

輸入：

　　Value：設定觸發波形時間，單位為 μs。

```
double US_ReadDistance(int Channel);
```

讀取超音波感測器的距離值。

輸入：

　　Channel：指定超音波感測器連接埠，輸入數字 1、2。

回傳值：

　　此輸出爲指定通道的超音波感測結果，單位爲公分。

6. 類比輸入函式庫介紹

此函式庫由兩個函式組成，分別爲 AI_Read 與 AI_ReadADC。使用者可以透過 AI_Read 讀取類比輸入通道的電壓值，使用 AI_ReadADC 則可以取得類比輸入通道的 ADC(Analog-to-DigitalConverter)的數值，即擷取類比訊號轉換爲數位訊號的數值。

```
double AI_Read(int Channel);
```

讀取 AI channel 的電壓值。

輸入：

　　Channel：指定讀取的類比輸入通道，輸入通道爲數字 0～7。

回傳值：

　　輸出爲類比輸入的電壓大小。

```
double AI_ReadADC(int Channel);
```

讀取 AI channel 的 ADC 值。

輸入：

　　Channel：指定讀取的類比輸入通道，輸入通道爲數字 0～7。

回傳值：

　　輸出爲類比輸入通道 ADC 數值。

7. 紅外線感測模組函式介紹

```
double AI_IRDistance(double Voltage);
```

此函式將紅外線測距儀類比電壓轉換為距離值，搭配 AI_Read()函式使用。此函式適用於 Sharp GP2Y0A21YK0F 紅外線測距儀。

輸入：

Voltage：紅外線測距儀所擷取到的類比電壓。

回傳值：

紅外線測距儀感測距離，單位為公分。

Part II

機器人控制實驗

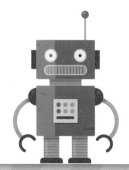

PID 控制器理論介紹

Lab **3**

3-1 實驗目的

1. 熟悉 PID 控制器基礎理論
2. 了解 PID 控制器設計方法

3-2 原理說明

3-2-1 回授控制理論介紹

控制系統可分為開迴路控制及閉迴路控制，圖 3-1 為一個開迴路控制系統示意圖，其中 V_d 為需求值或設定值，u 為控制器之輸出控制命令，V_r 為受控體之實際輸出值。

若我們直接對受控體下達命令，輸出 V_r 可能會受到環境干擾等因素而並不等於所需要的命令值 V_d，會造成控制誤差。所以必須要有一個回授的機制來修正輸出 V_r 達到所要的值 V_d，圖 3-2 是一個常見的閉迴路控制系統架構，將受控體輸出實際值 V_r 回授到控制器。

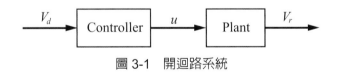

圖 3-1 開迴路系統

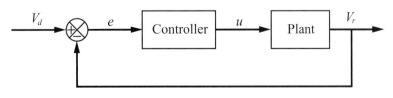

圖 3-2 閉迴路系統

在回授控制系統架構中，透過回授可以得到實際輸出值與所要求的設定值之間的誤差值 e。

$$e = V_d - V_r \tag{3-1}$$

可以發現，若 e 為零時，則 $V_d = V_r$，代表已經讓輸出的 V_r 為所要求的命令 V_d。為了使 e 能夠收斂至零，必須設計控制器(Controller)，使整個系統穩定，並且達到良好的控制響應。重要的控制響應包含穩態誤差，低超越量，響應時間，及軌跡追蹤效果。

3-2-2 步階響應原理說明

考慮一穩定的閉迴路系統如圖 3-3 所示，假設 $G(s)$ 為一個標準二階系統，可表示為

$$G(S) = \frac{\omega_n^2}{s(s + 2\xi\omega_n)} \tag{3-2}$$

其中 ω_n 為自然無阻尼頻率，ξ 為阻尼比，利用方塊圖簡化成為如圖 3-4 所示，其中

$$H(s) = \frac{V_r(s)}{V_d(s)} = \frac{G(s)}{1 + G(s)} = \frac{\omega_n^2}{s^2 + 2\xi\omega_n s + \omega_n^2} \tag{3-3}$$

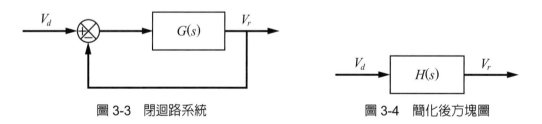

圖 3-3　閉迴路系統　　　　　　　　　　圖 3-4　簡化後方塊圖

若輸入為一個單位步階(Step Input) $V_d(t) = \begin{cases} 0, t < 0 \\ 1, t \geq 0 \end{cases}$

將 $V_d(t)$ 經過拉氏轉換，如式(3-4)

$$\pounds\{V_d(t)\} = V_d(s) = \frac{1}{s} \tag{3-4}$$

$$V_r(s) = V_d(s)H(s) = \frac{\omega_n^2}{s(s^2 + 2\xi\omega_n s + \omega_n^2)} \tag{3-5}$$

$s^2 + 2\xi\omega_n s + \omega_n^2 = 0$，其根為 $s = -\xi\omega_n \pm j\omega_n\sqrt{1-\xi^2}$ 。

$(0<\xi<1)$又被稱作低阻尼系統，則 $s^2 + 2\xi\omega_n s + \omega_n^2 = 0$ 將會是共軛複根，此時對 $V_r(s)$ 進行部分分式展開得式(3-6)

$$V_r(s) = \frac{1}{s} - \frac{s+\xi\omega_n}{(s+\xi\omega_n)^2 + \omega_d^2} - \frac{\xi\omega_n}{(s+\xi\omega_n)^2 + \omega_d^2} \tag{3-6}$$

其中 $\omega_d = \omega_n\sqrt{1-\xi^2}$ 。

經由拉氏轉換表得知：

$$\pounds\{e^{-at}\sin\omega t\} = \frac{\omega}{(s+a)^2 + \omega^2} \tag{3-7}$$

$$\pounds\{e^{-at}\cos\omega t\} = \frac{(s+a)}{(s+a)^2 + \omega^2} \tag{3-8}$$

對照之下可以看出 $a = \xi\omega_n$ ，且 $\omega = \omega_d$

將 $V_r(s)$ 透過反拉氏轉換後得式(3-9)

$$\pounds^{-1}\{V_r(s)\} = 1 - \frac{e^{-\xi\omega_n t}}{\sqrt{1-\xi^2}}\sin(\omega_d t + \theta) \tag{3-9}$$

其中 $\theta = \tan^{-1}(\frac{\sqrt{1-\xi^2}}{\xi})$ 。

式(3-9)於時域中響應如圖 3-5 所示。

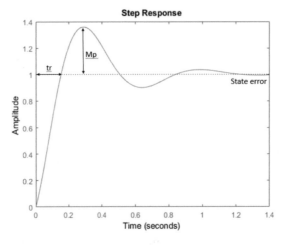

圖 3-5 步階響應

在圖 3-5 可以看到三個最具代表性的性能參數，分別為

1. t_r (上升時間)：一系統從初始值 $V_r(0)$ 到達第一次穩態 $V_r(\infty)$ 之值所花的時間。
2. M_p(最大超越量)：系統首次到達尖峰值與穩態值之差與穩態輸出響應值之比。
3. Steady-State Error(穩態誤差)：系統到達穩態時 $V_r(\infty)$，與目標命令 $V_d(t)$ 之間的誤差。

3-2-3　PID 控制器原理說明

　　為了得到良好的控制響應，在閉迴路控制系統中加入一個控制器，常用之控制器為 PID 控制器，其中 P 代表比例控制(Proportional Control)，I 代表積分控制(Integral Control)，D 代表微分控制(Derivative Control)，圖 3-6 為加入 PID 控制器的系統方塊圖。

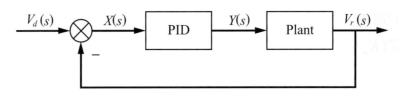

圖 3-6　PID 控制示意圖

如圖 3-7 所示，PID 控制器可表示成

$$\frac{Y(s)}{X(s)} = K_p + K_d s + \frac{K_i}{s} \tag{3-10}$$

其中 K_p, K_i, K_d 分別被稱作爲比例控制參數(Proportional Constant)，積分參數(Integral Constant)，微分參數(Derivative Constant)。以下將利用一個二階系統以及單位步階輸入 $V_d(t) = \begin{cases} 0, t < 0 \\ 1, t \geq 0 \end{cases}$，以電腦模擬來說明以上 PID 三個參數對控制響應 $V_r(t)$ 的影響。

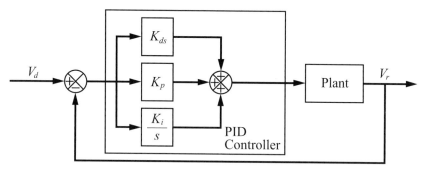

圖 3-7　PID 控制系統

模擬過程中 Plant 使用式(3-11)，

$$\text{Plant}(s) = \frac{1}{s^2 + 3s + 1} \tag{3-11}$$

輸入爲單位步階函數：$V_d(s) = \frac{1}{s}$

1. 當 K_p 值由低至高的變化，而 $K_i = 0, K_d = 0$ 之模擬結果如圖 3-8 所示，
   隨著 K_p 的增加，上升時間逐漸減少，穩態誤差逐漸減少，但最大超越量增加。

2. K_p 值選定($K_p = 25$)，$K_d = 0$，K_i 值由低至高變化之模擬結果如圖 3-9 所示，
   當 K_i 非零時，穩態誤差即能消失，且隨著 K_i 的增加，上升時間減少，但最大超越量增加，收斂速度變快。

3. K_p, K_i 值選定($K_p = 25, K_i = 10$)，K_d 值由低至高的變化之模擬結果如圖 3-10 所示，

藉由 K_d 增加可以壓低最大超越量。經由以上模擬可以了解透過調整 PID 參數使得系統能夠擁有最少的上升時間($T_r\downarrow$)，最低的最大超越量($M_p\downarrow$)，以及最小的穩態誤差，得到理想的響應。

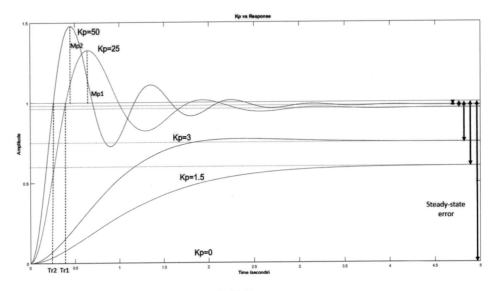

圖 3-8　K_p 為變數，$K_i = 0$　$K_d = 0$

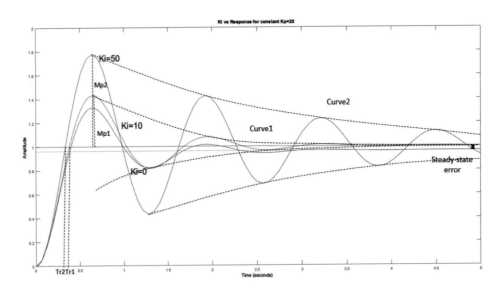

圖 3-9　K_i 為變數，$K_p = 25$　$K_d = 0$

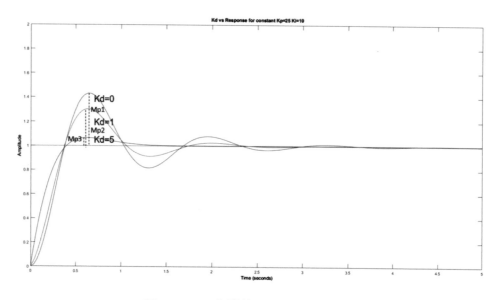

圖 3-10 K_d 為變數，$K_p = 25$ $K_i = 10$

3-2-4 控制器軌跡追蹤模擬

當控制參數完成初步設計以後，利用 PID 控制器進行軌跡追蹤模擬，首先追蹤一個連續的方波，其結果如圖 3-11 所示。

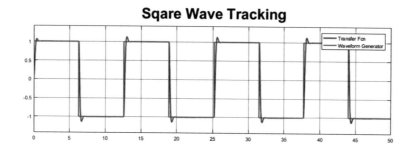

圖 3-11 連續方波追蹤響應

可以看到系統確實有追到的輸入值，尤其是在波型變化的瞬間，可以看到有 T_r 的時間差以及尖峰值的存在。透過單位步階響應及軌跡追蹤控制響應，可以決定 PID 控制器之參數。

PID 控制器實驗

Lab 4

4-1 實驗目的

1. 學習使用 KNRm 進行 PID 控制器實作

4-2 原理說明

4-2-1 馬達回授控制介紹

本章之目的為在 KNRm 嵌入式系統中實現 PID 控制器。在實驗中將以一個直流馬達作為受控體，為實現馬達的速度控制，設計 PID 控制器使其能夠控制馬達之轉速。在這個實驗中 PID 控制器的輸入為馬達轉速的誤差，也就是實際轉速與目標轉速的差值 e，控制器的輸出為 PWM 訊號，透過伺服驅動器推動馬達，控制架構如圖 4-1 所示。在馬達轉速量測部分是利用軸編碼器取得馬達的目前轉速，實現馬達的回授控制，讓馬達能夠維持在目標速度轉動。

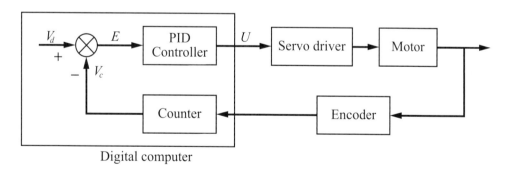

圖 4-1 馬達回授控制架構

此 PID 控制器 s-domain 頻率函數的表示法如(4-1)式：

$$\frac{U(s)}{E(s)} = k_p + k_i \frac{1}{s} + k_d s \qquad (4\text{-}1)$$

在實驗中透過電腦的數位系統達成 PID 控制器之計算，此處說明數位控制所採用的計算公式推導。由於實際應用中系統並不是一個連續的系統，而是由取樣時間 T 所構成的離散系統，所以必須採取 Z 轉換而非 S 轉換。我們利用 Backward Rectangular rule 將 $s = \dfrac{z-1}{Tz}$ 代入(4-1)式求得 z-domain 傳遞函數(Transfer function)的表示法如(4-2)式：

$$\frac{U(z)}{E(z)} = H(z) = k_p + k_i \frac{Tz}{z-1} + k_d \frac{z-1}{Tz} \tag{4-2}$$

將等號兩邊乘上 $z(z-1)$，可得：

$$z(z-1)\frac{U(z)}{E(z)} = k_p z(z-1) + k_i Tz^2 + \frac{k_d}{T}(z-1)^2 \tag{4-3}$$

等號兩邊同除以 $\dfrac{1}{z^2}$，令 $k_i' = k_i T$ 以及 $k_d' = \dfrac{k_d}{T}$，可得到(4-4)式：

$$(1-z^{-1})\frac{U(z)}{E(z)} = k_p(1-z^{-1}) + k_i' + k_d'(1-2z^{-1}+z^{-2}) \tag{4-4}$$

經整理後得到下表示式：

$$(1-z^{-1})U(z) = [k_p(1-z^{-1}) + k_i' + k_d'(1-2z^{-1}+z^{-2})]E(z) \tag{4-5}$$

由 z-domain 表示法轉換為時域差分方程式表示法：

$$u(t) = u(t-1) + k_p[e(t)-e(t-1)] + k_i'e(t) + k_d'[e(t)-2e(t-1)+e(t-2)] \tag{4-6}$$

在(4-6)式中三個 PID 控制器的參數分別為增益 k_p、積分參數 k_i' 及微分參數 k_d'，為了說明上方便，本書以後的章節分別使用 k_p、k_i、k_d 來表示控制參數。

4-2-2 KNRm 馬達控制介面與馬達控制模組

利用 KNRm 驅動直流馬達時，可以使用外部編號 1~4 的 Port，如圖 4-2 所示每 Port 中各有十個接腳用於馬達所需的控制訊號與編碼器信號，由於 KNRm 直流馬達

(KNRmini)包含馬達控制器與直流馬達，可對應 KNR 直流馬達(DDS1)來了解其基本架構，其接腳定義如表 4-1 所示，ENCO-A、ENCO-B 為馬達編碼器的信號輸入；Enable 為馬達啟動開關信號；INA、INB 可控制馬達正反轉向；PWM 可控制馬達轉速；SEN_POS 以及 TEMP_AMP 目前沒有功能設定，所以不使用。Port 1~4 皆能直接與 KNRm 馬達控制模組相接使用，或是與市面上其他馬達控制模組連接使用。

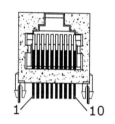

圖 4-2　KNRm 外部 DC 馬達連接埠

表 4-1　DC 馬達連接埠中的各腳位定義

Pin No.	DDS1 Signal	KNRmini Signal.
1	+5V_IN	+5V
2	ENCO-A	DSx_0
3	ENCO-B	DSx_1
4	SEN_POS	
5	TEMP_AMP	
6	INB	DSx_2
7	Enable	DSx_3
8	PWM	DSx_4
9	INA	DSx_5
10	GND	GND

　　每個 DC 馬達控制模組包含三個部分：控制電路 IC、編碼器、DC 馬達以及馬達控制電路。主要控制電路能夠將輸入的數位訊號轉換成大電流的類比訊號供馬達使用，其工作原理如圖 4-3 所示，輸入的數位訊號可用來開關 H-Bridge 的四個電晶體，提供電流並決定流經馬達電流的方向進而驅動馬達轉動。KNRm 馬達控制盒以四個數位訊號作為控制輸入：ENABLE 決定 IC 晶片是否輸出，PWM 決定輸出電壓的 duty cycle，而 INA、INB 的訊號則如表 4-2 所示決定輸出模式。這些數位訊號可透過 KNRm DC 馬達函式庫進行操作。

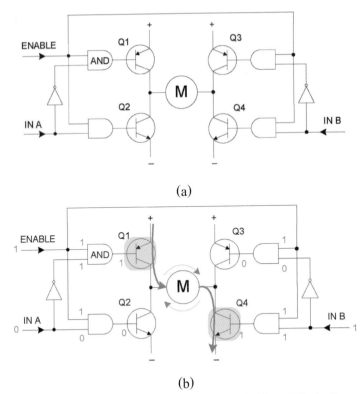

(a)

(b)

圖 4-3　H-bridge 架構與工作方式(a)架構(b)運作方式

表 4-2　馬達控制器訊號真值表

InA	InB	Enable	A OUT	B OUT	輸出模式
1	1	1	H	H	煞車
1	0	1	H	L	順時針轉動
0	1	1	L	H	逆時針轉動
0	0	1	L	L	無動力輸出

4-3　實驗器材

1. KNRm 機器人控制系統
2. Matrix 機器人
3. 直流伺服馬達(x2)
4. 所需線材：USB 無線網卡、KNRm 電源線、KNRm 內部電源線(短)、KNRm DC 馬達 10P10C 接線(x2)

4-4 實驗步驟

4-4-1 PID 參數調整實驗
4-4-1-1

確定機器人兩個驅動輪馬達已安裝完成，馬達 10P10C 訊號線所接的位置在 KNRm Port 1~4 的範圍之間，並記錄下左右輪的 Port 編號，以利進行馬達程式設計，如圖 4-4 所示。

在測試馬達程式之前，請先注意機器人擺放的位置，應避免機器人碰撞，或可將機器人底盤架高進行測試，如圖 4-5 所示來進行 PID 參數調整。

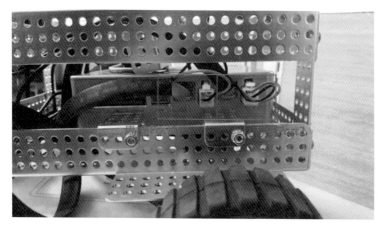

圖 4-4　馬達 Port

圖 4-5　將馬達架高進行參數調整

4-4-2

讀者可以先開啓參考 Lab4 範例程式，以下將一步步解釋程式碼的組成。

1. 首先必須先引用將會使用到的函式庫

```
//將會使用到的函式庫
#include <stdio.h>
#include <pthread.h>
#include <math.h>
#include <string.h>
#include <time.h>
#include <unistd.h>
#include "KNRm.h"
```

2. 再來是之後會使用到的全域變數

```
//所需要的變數
double K=1.6;          //Kp參數
double I=0.02;         //Ki參數
double D=0.03;         //Kd參數
double speedR=0.0;     //右輪命令速度
double speedL=0.0;     //左輪命令速度
double rspeedR=0.0;    //右輪實際速度
double rspeedL=0.0;    //右輪實際速度
int ok=0;              //判斷開始記錄速度變數
char keyNote;          //儲存輸入文字命令變數
FILE *fout;            //用來輸出文字檔
struct timespec startClock,finalClock; //記錄函式運行時間
```

3. 再來將分析 main()函數

   (1) 首先先將 KNRm 啓動

```
//open
if (KNRm_Open()<0)
{
    return 0;
}


Set5VPower(1);
```

(2) 再來需要製作一個能持續更改命令的迴圈

可以透過 scanf() 來將變數 keyNote 儲存鍵盤所輸入命令，如圖中如果鍵盤命令
輸入 w，則全域變數 speedR，speedL 各增加 10，當進入下一輪時，scanf()會再
等待並要求輸入一指令。

```c
while (1)
{
    printf("\nKey enter:\n");
    usleep(30000);
    scanf("%c", &keyNote);//for tune pid


    if (keyNote == 'w')
    {
        speedR += 10;
        speedL += 10;
        ok=1;


    }
}
```

(3) 如 2.的 if 函
式，再加入其
他不一樣的
指令，由上而
下分別如表
4-3 所示。

```c
else if (keyNote == 's')
{
    speedR = 0;
    speedL = 0;
}
else if (keyNote == 'x')
{
    speedR += -10;
    speedL += -10;
}
else if (keyNote == 'q')
{
    break;
}
else if (keyNote == 'p')
{
    K += 0.1;
}
else if (keyNote == 'i')
{
    I += 0.01;
}
else if (keyNote == 'd')
{
    D += 0.01;
}
```

表 4-3　命令對照表

命令字元	功能
w	增加前進速度
s	速度歸零
x	增加後退速度
q	停止運行
p	增加 K_p 值
i	增加 K_i 值
d	增加 K_d 值

4. 如此一來完成了一個簡單的命令輸入方式，唯有當輸入 q 時，才會跳脫出命令迴圈，並在程式碼末端將 KNRm 關閉

```
        Set5VPower(0);

        //close
        if (KNRm_Close()<0)
        {
            return 0;
        }
        return 0;
}
```

5. 因為當命令輸入迴圈 while 中執行到 scanf()時會等待使用者輸入命令，這代表我們可能無法動態運算的 PID 理論也包含在 main()中，所以我們需要一個能夠做到平行運算的方法，就是接下來所要介紹的

```
externint pthread_create (pthread_t *__restrict __newthread,

        __const pthread_attr_t *__restrict __attr,

        void *(*__start_routine) (void *),

        void *__restrict __arg) __THROW __nonnull ((1,3));
```

這是 LINUX 系統中由<pthread.h>所提供的函式,可以讓使用者創造另一個平行運算的函式。首先,已經在第一步引入了<pthread.h>,這樣就可以使用了,再來須在 main()中宣告一個型態為 pthread_t 的變數

```
pthread_t thread_motor;
int rc=0;
```

並再宣告一個 int 變數 rc 來回傳是否成功建立新的函數

```
rc=pthread_create(&thread_motor,NULL,thread_motorFcn,NULL);
```

```
if(rc)
{
    printf("ERROR thread create!");
}
```

如果回傳 rc = 0 代表成功,其餘失敗。

6. 其中第三個引數將會是生成函數的名稱,而第一個引數為所生成函數之參照,用於指定其代表 pthread 是否執行,程式在關閉前須寫入

```
//wait for thread exit
rc=pthread_join(thread_motor,NULL);


Set5VPower(0);
fclose(fout);
//close
if (KNRm_Close()<0)
{
    return 0;
}
return 0;
```

來將平行的 pthread 關閉其指定方式的一個引數

7. 已經在 main 中創造了函式名稱為 thread_motorFcn 的新函式，接下來要在 main 的外部定義 thread_motorFcn

```c
void *thread_motorFcn(void *parm)
{
    printf("\n Thread is created");
    int PORTL=1;
    int PORTR=2;

    struct timespec startClock,finalClock; //use for geting nanotime
    double duringTime;


    int stepsR,stepsL;
    int stepsT1R,stepsT1L;
    double realSpeedR,realSpeedL;
    double inputSpeedR,inputSpeedL;
    double eR[3]={0};
    double uR[2]={0};
    double eL[3]={0};
    double uL[2]={0};

    //the parameters of PID controller
    double kp;//=2.5;
```

函式回傳 void *，引數為(void *parm)，代表將引入其相關的參數，這樣一來此函式與 main()是平行處理的，便可以在此函數進行 PID 馬達控制。

8. 這是 PID 控制迴圈中所需變數

```c
void *thread_motorFcn(void *parm)
{
    printf("\n Thread is created");
    int PORTL=1;                      //馬達的COM Port
    int PORTR=2;                      //馬達的COM Port
    struct timespec startClock,finalClock; //用來計算迴圈時間
    double realSpeedR,realSpeedL;         //實際速度
    double inputSpeedR,inputSpeedL;       //命令速度
    double eR[3]={0};                     //離散PID中e(k),e(k-1),e(k-2)
    double uR[2]={0};                     //離散PID中u(k),u(k-1)
    double eL[3]={0};
    double uL[2]={0};

    //the parameters of PID controller
    double kp;                        //Kp參數
    double ki;                        //Ki參數
    double kd;                        //Kd參數
```

9. 首先先創造一個 while 迴圈來持續對速度進行控制

```
while(1)
{
    clock_gettime(CLOCK_REALTIME,&startClock);
    kp=K;
    ki=I;
    kd=D;
    inputSpeedR=speedR;
    inputSpeedL=speedL;
    //計算速度
    realSpeedR=(double)-DC_MotorReadVelocity(PORTR)/4200;
    realSpeedL=(double)DC_MotorReadVelocity(PORTL)/4200;
    realSpeedL=realSpeedL*M_PI*9.2;
    realSpeedR=realSpeedR*M_PI*9.2;
    rspeedR=realSpeedR;
    rspeedL=realSpeedL;
```

10. 爲了確保取樣時間相同，在 while 迴圈前後由兩個變數來儲存當前時間(ns)，

```
startClock,finalClock;
 clock_gettime(CLOCK_REALTIME,&startClock);

 clock_gettime(CLOCK_REALTIME,&finalClock);
```

並在迴圈結束前相減計算迴圈時間。爲了確保每次取樣時間相同，需加入

```
if(finalClock.tv_nsec-startClock.tv_nsec<=20000000)
{
    usleep(20000-(finalClock.tv_nsec-startClock.tv_nsec)/1000.0);
    if(ok==1)
        {
            fprintf(fout,"%f\n",rspeedL);
        }
}
```

來延遲取樣速度，因爲離散 PID 理論參數會與取樣時間有關。

11. 將函數內的區域變數以全域變數的值存取

```
kp=K;
ki=I;
kd=D;
inputSpeedR=speedR;
inputSpeedL=speedL;
```

12. 再來我們使用函式

```
double DC_MotorReadVelocity(int Port);
```

　來讀取速度，讀者請將讀取出的值除以 4000 左右並乘上 $2\pi R$，差不多為實際速度，詳細將由下一章 Lab 5 解說

```
realSpeedR=(double)-DC_MotorReadVelocity(PORTR)/4200;
realSpeedL=(double)DC_MotorReadVelocity(PORTL)/4200;
realSpeedR=realSpeedR*M_PI*9.2;
realSpeedL=realSpeedL*M_PI*9.2;
rspeedR=realSpeedR;
rspeedL=realSpeedL;
```

13. 透過 12.拿到了觀測的實際速度，也從命令迴圈拿到了速度命令，再來要將離散 PID 套用

```
//PID right
eR[2]=eR[1];
eR[1]=eR[0];
eR[0]=inputSpeedR-realSpeedR;
uR[1]=uR[0];
uR[0]=uR[1]+kp*(eR[0]-eR[1]) +ki*(eR[0]) +kd*(eR[0]-2*eR[1]+eR[2]);
//PID left
eL[2]=eL[1];
eL[1]=eL[0];
eL[0]=inputSpeedL-realSpeedL;
uL[1]=uL[0];
uL[0]=uL[1]+kp*(eL[0]-eL[1]) +ki*(eL[0]) +kd*(eL[0]-2*eL[1]+eL[2]);
DC_MotorEnable(PORTL,1);
DC_MotorSetSpeed(PORTL,uL[0]);
DC_MotorEnable(PORTR, 1);
DC_MotorSetSpeed(PORTR, -uR[0]);
```

首先先將過去的值 $e(t-2)$, $e(t-1)$ 儲存，再將命令速度扣去實際速度得到當時的誤差 $e(t)$，並將(4-6)式套用，兩輪各做一次 PID 運算。將輸出 $u(0)$ 作為馬達的輸入，這樣就完成了一套簡單的 PID 架構。

14. 不要忘了 while 迴圈裡要有脫離的機制

```
if(keyNote == 'q' )
{
    break;
}
```

還有結束 pthred 的機制，如同 main 的 return 0

```
pthread_exit(NULL);
```

15. 那如何將得到的速度畫成如同 Lab3 的響應圖呢？此處作法是將其實際速度以 txt 方式儲存，並由 excel 繪成 x_y 座標圖。詳細作法為在全域變數中定義

```
FILE *fout;
```

16. 在 main()函式中

```
fout=fopen("pidspeedtime3.txt","w+r");
```

來寫入並覆蓋資料於引數一的檔案中

17. 在 pthread motor_function 內的 while 迴圈中

```
if(finalClock.tv_nsec-startClock.tv_nsec<=20000000)
{
    usleep(20000-(finalClock.tv_nsec-startClock.tv_nsec)/1000.0);
    if(ok==1)
        {
            fprintf(fout,"%f\n",rspeedL);
        }
}
```

由 fprintf 函式將資料 rspeedL 寫入 fout 所指定檔案中，此數的 ok 變數是用來決定紀錄的時間點，這邊是以輸入第一次 w 為起點。

18. 最後再 main()尾端加上

```
fclose(fout);
```

來關閉並儲存，再來使用 Fillzilla 取出檔案並以 excel 作圖。

4-4-3

以下為不同 K_p，K_i，K_d 參數追蹤角速度命令 10(rad/s)所呈現的結果。

1. $K_p = 0.6$，$K_i = 0.0$，$K_d = 0.0$，如圖 4-6 所示，可以從圖中明顯的發現穩態速度沒到達所要求的速度，此時必須加大 K_p。

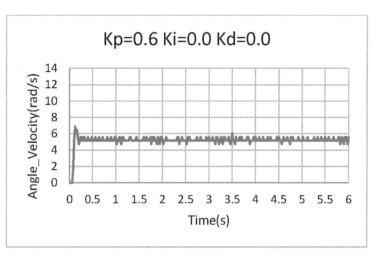

圖 4-6　K_p 值不足

2. 加大 K_p 值至 2.2，如圖 4-7：$K_p = 2.2$，$K_i = 0.0$，$K_d = 0.0$，從圖 4-7 明顯的看出震盪產生。

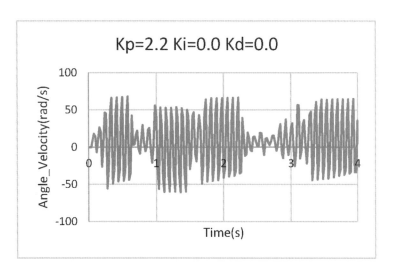

圖 4-7　過量的 K_p 造成震盪

3. 根據經驗法則，先將 K_p 調至震盪時($K_{p_{oc}}$)，將 0.5 倍($K_{p_{oc}}$)作為 K_p 的參數，如圖 4-8：

$K_p = 1.1$，$K_i = 0.0$，$K_d = 0.0$。

穩態並沒有達到所要的命令 10(rad/s)。

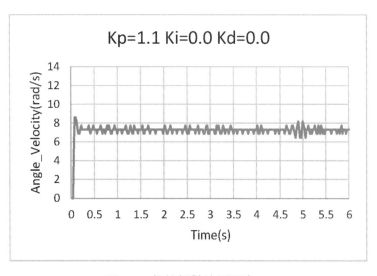

圖 4-8　根據經驗法則選定 K_p

4. 加入少量 K_i 來降低穩態誤差，如圖 4-9：$K_p = 1.1$，$K_i = 0.02$，$K_d = 0.0$，穩態速度響應確實達到命令 10(rad/s)，達到的時間仍是稍長，持續加大 K_i。

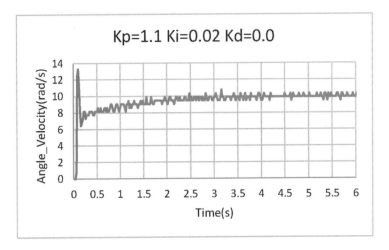

圖 4-9　加入少量 K_i

5. K_i 加大，達穩態時間縮短，如圖 4-10：$K_p = 1.1$，$K_i = 0.05$，$K_d = 0.0$，最大超越量已經有點過大，此時加上 K_d 降低最大超越量。

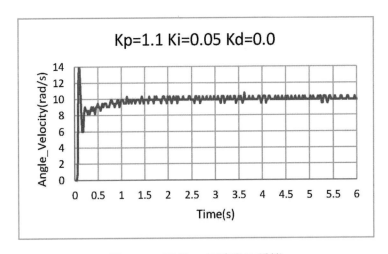

圖 4-10　足夠 K_i 加速進入穩態

6. 將 K_d 加入，開始壓低最大超越量，如圖 4-11：$K_p = 1.1$，$K_i = 0.05$，$K_d = 0.03$，再壓低超越量的同時，可以隱約發現上升時間有變慢的趨勢，讀者可以在自己的需求間找到平衡。

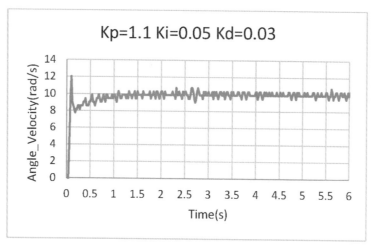

圖 4-11　加入少量 K_d 抑制 M_p

7. 持續增加 K_d，最大超越量能持續下降，如圖 4-12：$K_p = 1.1$，$K_i = 0.05$，$K_d = 0.05$。

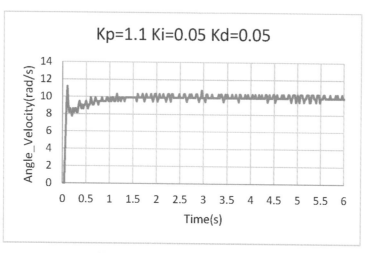

圖 4-12　加入更多 K_d 抑制 M_p

4-4-4

PID 參數決定後,使用調整過的參數命令馬達在不同的轉速間進行速度追蹤,如圖 4-13 所示。

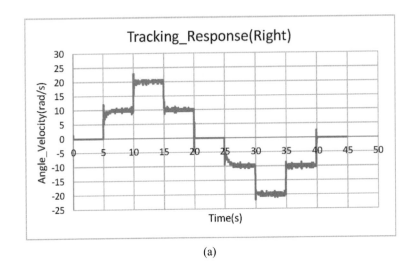

(a)

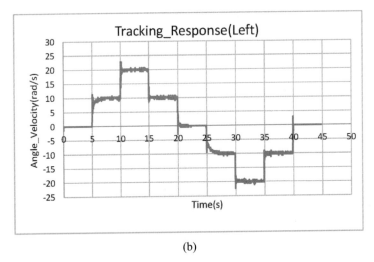

(b)

圖 4-13　不同速度之(a)右輪速度響應(b)左輪速度響應

Lab 5

直流馬達實驗

 ## 5-1 實驗目的

1. 認識直流馬達在 KNRm 機器人系統的使用方式
2. 學習直流馬達控制方法

 ## 5-2 原理說明

5-2-1 PWM 訊號與工作原理

　　PWM 全名為 Pulse Width Modulation(脈波寬度調變)，即是在固定的頻率下可變 duty cycle 的脈衝訊號，是常見的直流馬達控制方法。其中 duty cycle 定義為一個週期中，高電壓所佔有總時間的百分比，如圖 5-1 所示，當一週期時間為 T_{total}，高電壓所佔有的時間為 T_{on}，低電壓所佔有的時間為 T_{off}，duty cycle 則為高電壓所佔有時間的百分比：

$$\text{Duty cycle} = \frac{T_{on}}{T_{on} + T_{off}} \times 100\% \tag{5-1}$$

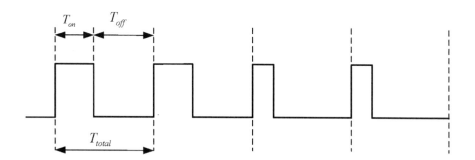

圖 5-1　週期訊號中 T_{total} 表示周期時間，T_{on} 為高電位所佔時間，T_{off} 為低電位所佔時間

在實際使用上，控制器所產生的 PWM 訊號可控制 H-bridge 電路中的電晶體開關，由電晶體的開關狀態提供驅動馬達所需的電壓。PWM 的使用頻率約為 2kHz~30kHz，遠高於馬達頻率帶寬，所以直流馬達中的線圈電感猶如低通濾波器，將高頻的 PWM 脈衝轉換為低頻的電壓訊號使馬達轉動。以連續的 PWM 訊號來控制直流馬達，訊號單位週期的平均大小正比於驅動馬達的電壓大小，若要提高馬達的控制電壓，即提高 PWM 訊號的 duty cycle；反之，要減少馬達的控制電壓，則減少 PWM 的 duty cycle。

5-2-2 編碼器(Encoder)工作原理

編碼器可分為絕對型或增量型。絕對型編碼器的訊號將位置分割成許多區域，每一個區域有其唯一的編號，再將其編號輸出，可以在以往沒有位置資訊的情形下，提供明確的位置資訊。增量型編碼器的訊號是週期性的，訊號本身無法提供明確的位置資訊。若以某位置為準，持續的對訊號計數才能得到明確的位置資訊。KNRm 的直流伺服馬達中配有增量式光學編碼器，光學編碼器具有碼盤構造，如圖 5-2 所示，旋轉的過程中碼盤上的刻度可用來記錄馬達轉動的角度，以每圈 32 解析度的編碼器而言，代表編碼器在每轉一圈會產生 32 個方波訊號。增量式編碼器在馬達轉動時會產生二個相位差 90 度的方波訊號，如圖 5-3 所示，可以根據這兩脈波訊號間的先後關係及脈波數量，取得馬達的正反轉與距離資訊。

由於 KNRm 直流伺服馬達是結合馬達控制盒與直流馬達，因此只須將馬達連接線接到 KNRm 控制器即可使用。此編碼器的 A、B 相位訊號可透過馬達控制盒中的轉接，將訊號傳入 KNRm 控制器中進行計數，也可以利用馬達控制函式庫的 DC_MotorReadPosition(int Port)讀取馬達的實際位置。KNRm 對於增量式編碼的解碼過程，為計數 A、B 二相位的電位變化。編碼器每個方波週期會有四次計數，馬達轉動一圈會計數 128 次，此外

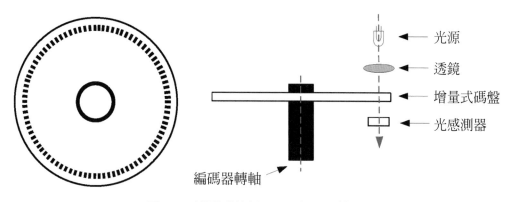

圖 5-2　增量式軸編碼器－編碼盤構造

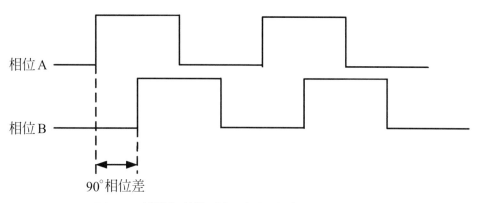

圖 5-3　編碼器所得到之兩個相位差 90 度的脈衝訊號

KNRm 直流伺服馬達附帶有減速齒輪機，因此 KNRm 直流伺服馬達上的輪子轉一圈，實際上編碼器被計數的次數可由下列公式得出：

Wheel Counts per Revolution = Encoder pulse per rev. × 4 × gear ratio

以 Encode Pulse per Revolution(PPR)為 16 counts/圈、減速齒輪機齒輪比以 64:1 為例，輪子轉一圈，實際上編碼器被計數的次數：

Wheel Counts per Revolution = Encoder pulse per rev. × 4 × gear ratio

$$= 16 × 4 × 64 = 4096$$

 5-3 實驗器材

1. KNRm 機器人控制系統
2. Matrix 機器人
3. 直流伺服馬達(x2)
4. 所需線材：USB 無線網卡、KNRm 電源線、KNRm 內部電源線(短)、KNRm DC 馬達 10P10C 接線(x2)

 5-4 實驗步驟

5-4-1 馬達位置響應實驗

5-4-1-1

在實驗原理中介紹了透過編碼器可以讀取馬達當前的轉動位置，而透過馬達位置可以對輪子的轉動角度進行追蹤。透過 LAB05_1 範例程式，可以控制馬達的轉動角度，本程式是由 LAB04 所改寫而來，以下將說明更動之處與解釋解釋程式碼。

1. 編碼器讀值紀錄

   首先可以由下方函式

```
int DC_MotorReadPosition(int Port);
```

來讀取編碼器目前計數方波的數目，將其回傳值印出，用手去逆時針轉動左輪，可以看到其值逐漸增加如圖 5-4 所示，反向的話其值為負，如圖 5-5 所示。

```
Problems  Tasks  Properties  Console ☒  Search  Progress
pidtune [C/C++ Remote Application] C:\Users\user\workspace\pidtune\Debug\pidtune (17/1/23 下午5:08)
    Now count to 9
Now count to 21
Now count to 35
Now count to 45
Now count to 51
Now count to 57
Now count to 64
Now count to 71
Now count to 77
Now count to 85
Now count to 93
Now count to 99
```

圖 5-4 左輪逆時針轉動編碼值

```
pidtune [C/C++ Remote Application] C:\Users\user\workspace\pidtune\Debug\pidtune (17/1/23 下午5:08)
Now count to -42
Now count to -43
Now count to -43
Now count to -43
Now count to -43
Now count to -43
Now count to -49
Now count to -61
Now count to -75
Now count to -85
Now count to -93
Now count to -101
```

圖 5-5　左輪順時針轉動編碼值

而函式

```
int DC_MotorReadVelocity(int Port);
```

則是使用兩次迴圈讀到的計數值相減後除上迴圈時間，即可能得到單位時間計數的速率，再由一圈對應的計數值去做速度轉換，如上一實驗中將回傳值除以 4096 counts 後乘上輪子圓周 $2\pi R$，得到實際速度值。

2. 將讀取的編碼器值轉換角度

利用編碼器所回傳的記數值來換算成當前車輪所轉動的角度位置，可以透過 PID 控制器使得車輪轉動至命令的角度，讀者們可以開啟 Lab 5 的第一個範例程式，它是由 Lab 4 的範例程式所修改而來，不同之處為 PID 控制器的輸入及輸出單位的不同。

```
double angleL=0.0;
double rangleL=0.0;
```

在程式中可以看到變數 rangleL，是回傳馬達的實際角度，這是我們要追蹤馬達的轉角位置，利用函式

```
int DC_MotorReadPosition(int Port);
```

來讀取目前 encoder 所記錄的計數，藉此換算目前輪子的轉角位置，在上一節已經算出輪子轉一圈 encoder 讀了 4096 counts，這代表

360° = 4096 counts

1° = 11.3 counts

1 counts = 0.08789°

3. PID 公式套用

將變數 realAngleL 回傳 encoder 所讀到的值換算成角度。

```
realAngleL=(double)-DC_MotorReadPosition(PORTL);
realAngleL=-realAngleL*360.0/4096;
```

下命令的單位為輪子轉動角度(Degree)，成為位置控制，此時 PID 參數不盡相同，調整方式如同 Lab 4，首先將參數歸零，再加入少量的 K_p，圖 5-6 為將 K_p 設為 0.4，其餘參數為零，並對輪子下達轉動 180 度的步階響應。

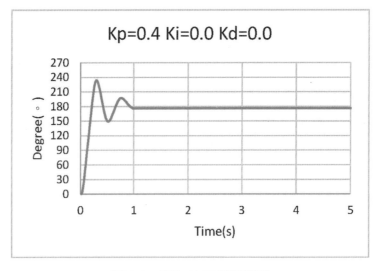

圖 5-6　加入 K_p 之步階響應

有穩態誤差的存在，此時嘗試加入更大的 K_p 參數(K_p = 0.8)，如圖 5-7 所示。當 K_p 越大，震盪的現象產生，但穩態誤差相對越小，在做位置追蹤時透過 K_p 的增加即可適當的將穩態誤差消除，再加入更大的 K_p (K_p = 1.3)如圖 5-8 所示，可以發現系統震盪次數上升。

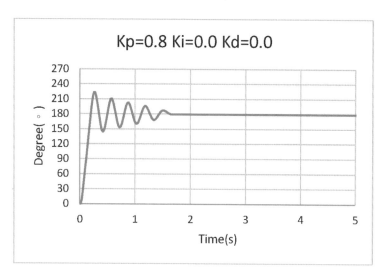

圖 5-7　K_p 增加

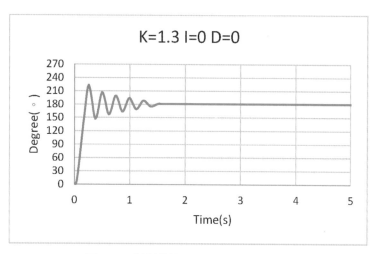

圖 5-8　持續增加 K_p，震盪次數上升

可以明顯發現過大的 K_p 使得系統開始震盪，但在 K_p 大於 0.8 時穩態誤差已然趨近於 0，此處選定 $K_p = 1.0$ 如圖 5-9 所示。

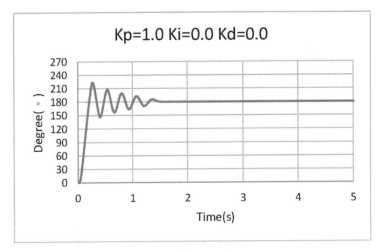

圖 5-9　將 K_p 選定 1.0

接下來可以透過 K_d 的加入來抑制震盪及最大超越量，如圖 5-10 所示。

隨著 K_d 的上升，震盪與最大超越量可以的到明顯改善，但會造成上升時間增長，所以可以根據需求在兩者間取得一個平衡，如圖 5-11 最後選擇爲 $K_p = 1.0$，$K_i = 0.0$，$K_d = 1.4$。

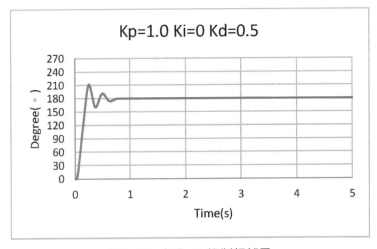

圖 5-10　加入 K_d 抑制超越量

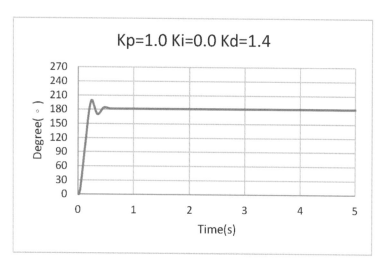

圖 5-11　選定之 PID 值

5-4-2　馬達位置追蹤實驗

5-4-2-1

　　利用 5-4-1 所決定之 PID 參數來追蹤輪子轉動於 ±90° 變化的位置追蹤，讀者可將 Lab 5 程式中

```
int i;
int count=0;
printf("Input the number of Square Wave:");
scanf("%d",&count);
ok=1;
for(i=0;i<count;i++)
{
    angleL=90;
    sleep(1);
    angleL=-90;
    sleep(1);
}
keyNote='q';
```

段落的註解打開並關閉以下程式碼

```
while (1)
{
    printf("\nKey enter:\n");

    usleep(30000);
    scanf("%c", &keyNote);//for tune pid


    if (keyNote == 'w')
            {
                    angleL += 180;
                    ok=1;
            }
    else if (keyNote == 'p')
            {
                    K += 0.1;
            }
    else if (keyNote == 'i')
            {
                    I += 0.01;
            }
    else if (keyNote == 'd')
            {
                    D += 0.1;
            }
    else if (keyNote == 's')
            {
                    angleL= 0;
            }

    else if (keyNote == 'x')
            {
                    angleL += -180;
            }
    else if (keyNote == 'q')
            {
                    break;
            }

}
```

利用第二段程式碼，進行車輪90° 與 –90° 之間的位置追蹤，在執行前請將 5-4-1 節所決定的 PID 參數直接指定給全域變數

```
double K=1.0;
double I=0.0;
double D=1.4;
```

在 Console 視窗中會要求輸入所要追蹤的變化次數，如圖 5-12 即為輸入 5 所繪出來的結果。

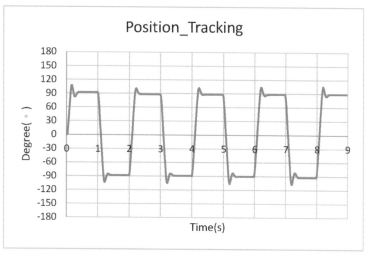

圖 5-12　位置響應追蹤結果

5-4-3　直流馬達速度響應實驗

5-4-3-1

本小節為 Lab 4 的延續，將決定好的 PID 參數來對馬達進行 PID 控制，並讓完成的車體實際在環境中測試並記錄其響應，打開範例程式 Lab 5，本程式是 Lab 4 的延續，其程式與 Lab 4 雷同，讀者可以直接執行，在起始時會要求輸入分別為 K_p，K_i，K_d 三值，之後可參考表 5-1 的命令執行動作，並記錄其響應。

表 5-1　命令功能對照表

字元命令	功能
w	前進(兩輪速度+10)
a	左轉(左輪+5 右輪+10)
d	右轉(左輪+10 右輪+5)
z	左迴轉(左輪−20 右輪+20)
c	右迴轉(左輪+20 右輪−20)
x	後退(兩輪速度−10)
s	停止速度歸零
q	結束程式

以參數 K_p = 1.1, K_i = 0.05, K_d = 0.05。

1. 車子在前後變化間進行速度響應追蹤，圖 5-13 分別為左輪以及右輪的響應結果。

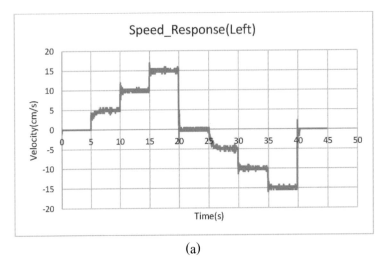

(a)

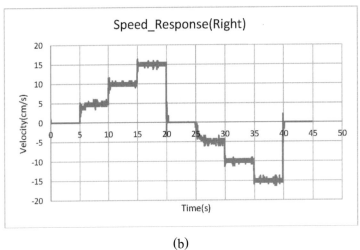

(b)

圖 5-13　前進及後退(a)左輪速度響應(b)右輪速度響應

2. 右輪 10(cm/s)、左輪 5(cm/s)向左弧形前進，其雙輪響應如圖 5-14 所示。

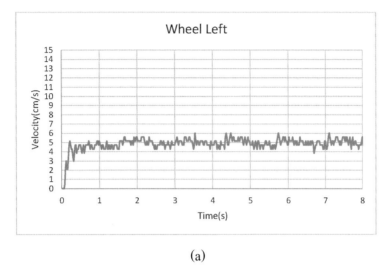

(a)

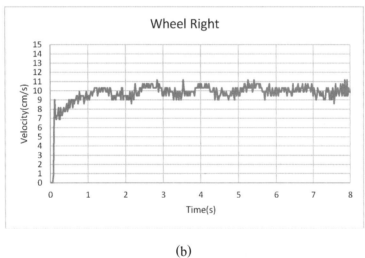

(b)

圖 5-14　左轉(a)左輪速度響應(b)右輪速度響應

3. 左輪 10(cm/s)、右輪 5(cm/s)向右弧形前進，其雙輪響應如圖 5-15 所示。

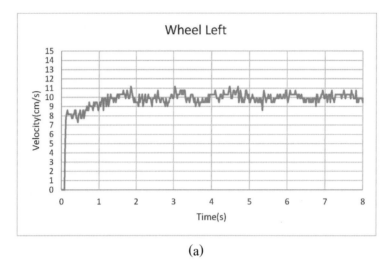

(a)

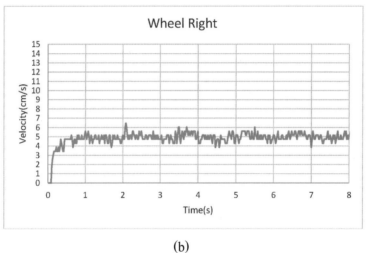

(b)

圖 5-15　右轉(a)左輪速度響應(b)右輪速度響應

4. 向逆時針方向自轉，其雙輪響應如圖 5-16 所示。

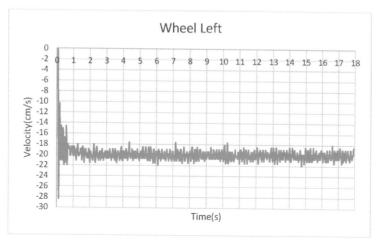

(a)

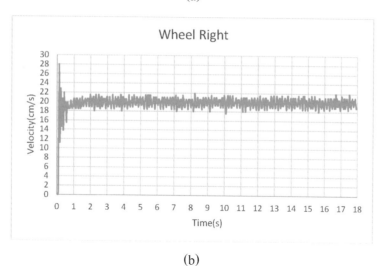

(b)

圖 5-16　逆時針(a)左輪速度響應(b)右輪速度響應

5. 向順時針方向自轉，其雙輪響應如圖 5-17 所示。

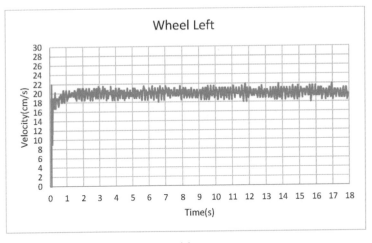

(a)

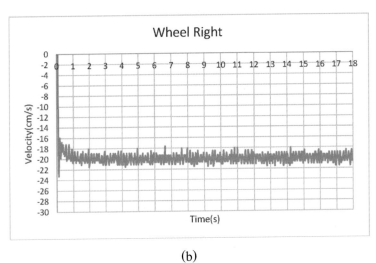

(b)

圖 5-17　順時針(a)左輪速度響應(b)右輪速度響應

這邊要注意，左右輪 PID 值不盡相同，所以讀者可以自行將左右輪 PID 分別調整。

Lab

6

RC 伺服馬達實驗

6-1 實驗目的

1. 認識 RC 伺服馬達在 KNRm 控制器上的使用方式
2. 學習 RC 伺服馬達的控制方法

6-2 原理說明

　　RC 伺服馬達體積小、重量輕，可提供所需的角度與轉矩，常在小型機器人上使用，成為機器人的活動關節。RC 馬達具有電子驅動器以及減速機，內部為一閉迴路 (closed-loop)的伺服機架構，所以控制較精準，能夠接受外部命令，將馬達調整至指定的位置。常見的 RC 伺服馬達如圖 6-1 所示，連線為三線式的架構，其中兩條為直流電源的正極(紅)、負極(黑或深棕色)，以及一條訊號線(白色或橘色)，可透過 PWM 訊號對 RC 馬達下達命令，並透過各種控制器產生 PWM 訊號以控制馬達的位置。

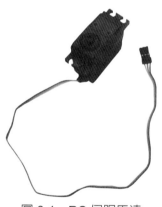

圖 6-1　RC 伺服馬達

　　RC 伺服馬達在運作時，是由控制器連續送出固定週期的 PWM 訊號給馬達，馬達根據高電位時間的長短而改變角度，若連續週期訊號中的高電位時間保持不變，則馬達就會停留在對應的角度上。如圖 6-2 中訊號週期約為 12～26ms，利用高電位所佔有的時間來改變轉動的角度，常見的 RC 伺服馬達操作的高電位時間為 700 μs ～

2300μs，中間值為 1500 μs，如圖 6-2(a)所示。以轉角為180°的馬達為例，當 PWM 高電位時間為 700μs 時，如圖 6-2(b)所示，馬達位置應在0°，隨著 PWM 高電位時間的增加，馬達的角度也會慢慢增加；當高電位時間達到 2300μs 時，如圖 6-2(c)所示，馬達位置會在180°。

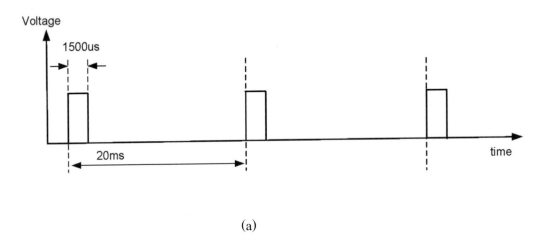

(a)

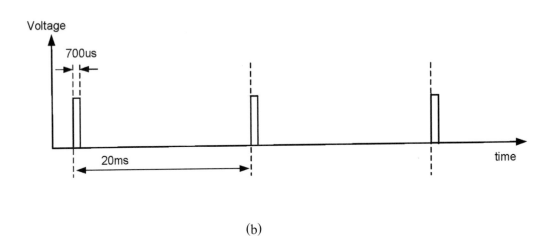

(b)

圖 6-2　RC 伺服馬達的控制訊號(a)脈波寬度 ＝ 1500 μs

(b)脈波寬度 ＝ 700 μs

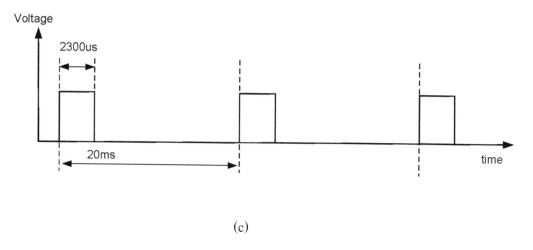

(c)

圖 6-2　RC 伺服馬達的控制訊號(c)脈波寬度 = 2300 μs (續)

6-3　實驗器材

1. KNRm 主機
2. Matrix 機器人
3. RC 伺服馬達
4. 所需線材：USB 無線網卡、KNRm 電源線、KNRm 內部電源線(短)、KNRm 超音波線材

6-4　實驗步驟

6-4-1　RC 伺服馬達控制實驗

1. 本次使用的 RC 伺服馬達如圖 6-3 所示，爲 180°的角度控制，接頭爲三線式的構造，分別是 GND-深棕色、5V-紅色、SIG-橘色。KNRm 控制器具有 2 組的 RC 馬達連接埠，將 RC 馬達的接頭與 KNRm 連接，在連接時要注意 RC 連接埠的方向，一定要依照圖 6-4 的方式接線，才能夠驅動馬達。

圖 6-3　Matrix 工具組中的 RC 伺服馬達

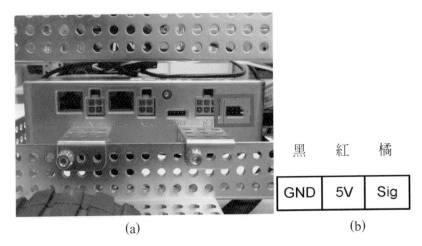

黑	紅	橘
GND	5V	Sig

(a)　　　　　　　　　　(b)

圖 6-4　(a)RC 馬達連接埠　(b)RC 伺服馬達插座方向

2. 在 KNRm 控制器中已有自行產生 PWM 訊號的工具，而 RC_onboard 是直接連接 KNRm 控制器上，再來只需要開啓或關閉 RC 馬達的電源供應，以及設定高電位的時間來控制馬達轉動角度。

在設定時間時要注意的是程式中的時間設定要介於 700μs～2300μs 之間，超過範圍則不會改變馬達的角度。

```
7  int main(int argc, char **argv)
8  {
9      NiFpga_Status status;
10     int keyNote=0;
11     status = KNRm_Open();
12     if (KNRm_IsNotSuccess(status))
13     {    return status;        }
14     Set5VPower(1);
15     RC_SetPosition(4,1,1500);
16     RC_SetPulsePeriod(20000);
17     printf("Good \n");
18     while (1)
19     {
20         RC_PortPower(4,1);
21         RC_PortPower(10,1);
22         printf("Key enter:");
23         scanf("%d", &keyNote);
24
25         if (keyNote == 99)
26         {
27             break;
28         }
29         RC_SetPosition(4, 1, keyNote);
30
31         usleep(20000);
32     }
33     Set5VPower(0);
34     status = KNRm_Close();
35     return status;
36 }
37
```

開啟 KNRm 與設定 5V 電源

設定連結於 Port4 的伺服馬達於 1500μs位置(中間)

設定伺服馬達電源，並讓使用者輸入下一時刻的脈波寬度

程式碼中。RC_SetPosition 爲設置伺服馬達的位置，其參數第一個爲 Port 的號碼，在 KNRm 中分別爲 Port4 和 Port10，而最後一個參數爲設定的時間，其公式如下

$$RC\ Pulse\ Width(\mu s) = \frac{T_{max} - T_{min}}{range(deg.)} \times Position(deg.) + T_{min}(\mu s)$$

$$= \frac{2300 - 700}{180(deg.)} \times Position(deg.) + 700(\mu s)$$

6-5 實作展示

6-5-1 RC 伺服馬達角度控制

在此實驗中，將使用 PWM 對 RC 馬達進行控制，高電位時間爲 700、1100、1500、1900、2300μs，讓馬達分別轉向 0°、45°、90°、135°、180° 等角度，可在馬達轉軸上加上顯著的零件，協助角度的判別。其結果如圖 6-5 所示。

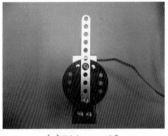
(a)700μs，0°

(b)1100μs，45°

(c)1500μs，90°

(d)1900μs，135°

(e)2300μs，180°

圖 6-5　以 PWM 訊號控制 RC 馬達轉動角度

Lab 7 超音波測距環境掃描實驗

7-1 實驗目的

1. 熟悉超音波感測器測距原理
2. 熟悉超音波感測器於 KNRm 控制器上的使用方法

7-2 原理說明

7-2-1 超音波感測器的特性與測距原理

由於超音波在空氣中傳播時遇到障礙物會反射，除非障礙物表面是海綿等會吸收音波的物質，因此可以利用計算超音波發射和接收到反射波之間的時間差，換算出障礙物和超音波感測器之間的距離，如圖 7-1 所示。

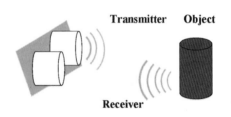

圖 7-1 超音波測距示意圖

音波於空氣中傳播的速度，受到環境溫度的影響，其關係如式(7-1)，其中 T 代表攝氏溫度(℃)，V_s 為音波傳播速度。超音波的傳播速度如果以室溫 25℃ 來計算，音速的理想值為 346 公尺/秒，如式(7-2)所示。因此以超音波測量距離時，可以先量測超音波發射和接收到反射波的時間差，再乘上超音波傳播速度就可以得到被測物與感測器之間的距離。由於此距離為音波來回的距離，所以實際的距離為此距離的一半，如式(7-3)所示，式中的 D 為被測物與感測器之間的距離，Δt 為感測器發射和接收到反射波的時間差，V_s 為音波的傳播速度。

$$V_s(\text{m}/\text{s}) = 331 + 0.6 \times T \tag{7-1}$$

$$V_{25} = 331 + 0.6 \times 25 = 346\,(\text{m}/\text{s}) \tag{7-2}$$

$$D = V_s \times (\Delta t / 2) \tag{7-3}$$

超音波感測器的優點包括：測量面較寬、不易受光線影響、表面測量(surface detection)準確、提供簡單直接且易處理的距離資料、對人體安全無害等等，其缺點則是：易受被測物的反射面、反射角度影響、角度解析度差。在機器人的運用上一般用於量測距離(Distance measurement)、避障(Obstacle avoidance)與繪製地圖(Robotics for mapping)的功能設計。

7-2-2 超音波測距模組－Parallax PING))) Ultrasonic Distance Sensor

Parallax PING)))超音波感測器如圖 7-2 所示，能夠提供 2 至 300 公分範圍間精準、非接觸式的距離測量。感測器外部有三個針腳(Pin)，分別是 GND、5V、SIG，能夠輕易地與控制器結合使用。

實際使用上，有些情況可能會使 Parallax PING)))感測器無法有效地測量到物體的實際距離：(1)物體距離感測器

圖 7-2　Parallax PING)))超音波測距模組

超過三公尺、(2)與牆面的夾角太小，以至於聲波無法被反射回來、(3)物體太小不足以反射聲波。此外，需避免將超音波感測器裝置於太低的位置，以免感測器被來自地面的反射波誤導。

🤖 7-3　實驗器材

1. KNRm 主機
2. Matrix 機器人
3. 超音波感測器
4. RC 伺服馬達
5. 所需線材：USB 無線網卡、KNRm 電源線、KNRm 內部電源線(短)、KNRm 超音波線材

7-4 實驗步驟

7-4-1 超音波測距實驗

7-4-1-1

在使用超音波感測器之前，先將背面以絕緣膠帶黏貼，如圖 7-3(a)所示，避免接觸金屬表面時造成短路損毀。超音波感測器的正面如圖 7-3(b)所示有標註腳位名稱，對應線材的顏色應是 GND-黑色、5V-紅色、SIG-白色。KNRm 控制器具有 2 組超音波感測器連接埠，可使用專用的超音波線材進行連接，在本實驗中如圖 7-4 所示，將以編號 1 的超音波連接埠為範例進行說明，使用者亦可視實際使用狀況將超音波接至 2 號的連接埠。

(a)   (b)

圖 7-3　超音波外觀(a)以絕緣膠帶貼住背面(b)正面

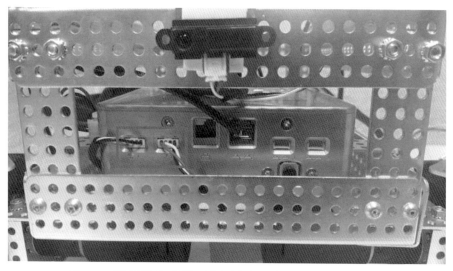

圖 7-4　將超音波感測器接在編號 1 與 2 的超音波連接埠

7-4-1-2

從範例程式中尋找 KNRm US 並開啓，開啓後視窗如圖 7-5 所示。此範例中已具備了讀取超音波感測器的必要程式。程式碼中 US_ReadDistance(1)，爲讀取連接在 KNRm 上 port1 的超音波數值，並放在 double 變數 dis 裡，而後把 dis 的值印在 Console window 中，最後超音波輸出會以公分爲單位顯示，如果沒有偵測到障礙物或者沒接上感測器，則會以最大值 299.994 顯示。

```c
3  #include <unistd.h>
4  #include "KNRm.h"
5
6
7  int main(int argc, char **argv)
8  {
9      double dis1;
0      double dis2;
1      if (KNRm_Open()<0)
2      {
3          return 0;                      開啓 KNRm 與設定 KNRm 電源
4      }
5      Set5VPower(1);
6      printf("Good \n");
7      while (1)                          使用 US_ReadDistance(x) 讀
8      {                                  取接於 port x 位置的超音波
9          dis1= US_ReadDistance(1);      模組的數值。
0          dis2= US_ReadDistance(2);
1          usleep(20000);
2          printf("dis1 = %f\n",dis1);    把值顯示於 Console Window 上
3          printf("dis2 = %f\n", dis2);
4      }
5
6      Set5VPower(0);
7      if (KNRm_Close()<0)
8      {
9          return 0;
0      }
1      return 0;
2  }
3
```

圖 7-5 KNRm 超音波測距儀範例程式

7-4-2 超音波測距環境掃描實驗

7-4-2-1

　　本實驗將利用超音波測距儀與 RC 伺服馬達進行環境掃描。在掃描過程中，使用 RC 伺服馬達來調整超音波的轉動角度，使超音波測距儀在機器人上方進行180°範圍的旋轉。如圖 7-6 所示，將 RC 伺服馬達固定在機器人上方，並在轉盤上固定超音波測距儀，避免掃描的範圍內受到其他機構阻擋，在此需注意旋轉的過程中避免超音波的連接線受到拉扯，在安裝完成後可轉動超音波感測器的位置，檢查接頭是否會被拉扯或是脫落。

圖 7-6　在機器人上安裝 RC 伺服馬達與超音波測距儀

7-4-2-2

　　本實驗以1°為單位，在機器人週遭掃描 181 次(0～180°)，並將全部掃描的資訊繪出，在程式碼 For 迴圈中，必須讓迴圈執行 181 次(0～180°)，並在每一次擷取超音波感測器的距離資訊，如圖 7-7 所示。RC 馬達所到達的角度與輸入的 PWM 脈衝時間呈線性的關係，在此可以使用線性轉換的方式決定 RC 馬達的 PWM 脈衝時間，如式(7-4)所示：

$$\text{RC Pulse Width}\,(\mu s) = \frac{T_{\max} - T_{\min}}{\text{range}\,(\text{deg.})} \times \text{Position}\,(\text{deg.}) + T_{\min}\,(\mu s)$$

$$= \frac{2300 - 700}{180\,(\text{deg.})} \times \text{Position}\,(\text{deg.}) + 700\,(\mu s) \tag{7-4}$$

　　超音波測距儀所得到的數值為目前該處與超音波的距離，並非該處的位置，在此要將超音波掃描到的位置以 XY 座標表示，將距離 D 結合 RC 馬達轉動的角度 θ，計算 XY 座標，如式(7-5)所示：

$$\begin{cases} X = D \times \cos\theta \\ Y = D \times \sin\theta \end{cases} \tag{7-5}$$

```c
int main(int argc, char **argv)
{
    double matrix [7];
    double matrix_1 [7];
    double temp;
    NiFpga_Status status;
    int keyNote=0;
    FILE *fout;
    fout=fopen("out.txt","w+r");
    if(fout==NULL)
    {
        sleep(10);
    }
    status = KNRm_Open();
    if (KNRm_IsNotSuccess(status))
    {
        return status;
    }
    Set5VPower(1);
    RC_SetPosition(4,1,700);
    RC_SetPulsePeriod(20000);
    printf("Good \n");
    double interval=(2300-700)/180;
    int i, j, f, z;
    int pwm=700;
    double dis;

    while (1)
    {
        RC_PortPower(4,1);
        printf("Key enter:")
        for(i=0;i<180;i++)
        {
            pwm=pwm+interval;
            RC_SetPosition(4, 1, pwm);
            for(j =0 ; j<7;j++)
            {
                matrix[j]=US_ReadDistance(1);
                usleep(10000);
            }
            for(f=0;f<7;f++)
            {
                for(z=0;z<6;z++)
                {
                    if(matrix[z]>matrix[z+1])
                    {
                        temp=matrix[z];
                        matrix[z]=matrix[z+1];
                        matrix[z+1]=temp;
                    }
                }
            }
            usleep(100000);
            printf("%f\n",matrix[1]);
        }
        break;
        usleep(20000);
    }
}
```

把超音波掃描到的值寫入 out.txt 檔儲存起來

開啓 KNRm 與設定 KNRm 電源

把伺服馬達的初始位置設定於 0 度角準備開始掃描。

計算每1度為多少脈波寬度

伺服馬達以每度為單位做環境掃描，每一度上讀取超音波的 7 次數值，取中間一次的結果(避免超音波讀取到異常的數值)，最後儲存至"out.txt"裡。

圖 7-7　超音波環境掃描範例程式

```
    Set5VPower(0);
    i=fclose(fout);                    關閉 KNRm 與 "out.txt"。
    status = KNRm_Close();
    printf("%d",i);
    return status;
}
```

圖 7-7 超音波環境掃描範例程式(續)

7-5 實作展示

7-5-1 超音波測距資料讀取

在此實驗中將超音波感測器置於機器人前端,並將機器人放在與前方物體表面不同距離的位置,實際測量兩者之間的距離並與超音波測距儀的結果相互比較。

1. 將機器人前端距離前方物體 20cm,如圖 7-8 所示。圖 7-9 為程式執行結果。

圖 7-8 機器人距離前方物體表面 20 公分

Lab 7

超音波測距環境掃描實驗

圖 7-9　機器人距離前方物體 20cm 處之掃描結果

2. 將機器人前端距離前方物體表面 40cm，如圖 7-10 所示。圖 7-11 為程式執行結果。

圖 7-10　機器人距離前方物體表面 40 公分

7-9

```
Problems  ■ Tasks  ■ Properties
KNRm US [C/C++ Remote Appl
distance=40.746737
distance=40.746737
distance=40.746737
distance=40.746737
distance=40.746737
distance=40.695224
```

圖 7-11　機器人距離前方物體 40cm 處之掃描結果

3. 將機器人前端距離前方物體表面 60cm，如圖 7-12 所示。圖 7-13 為程式執行結果。

圖 7-12　機器人距離前方物體表面 60 公分

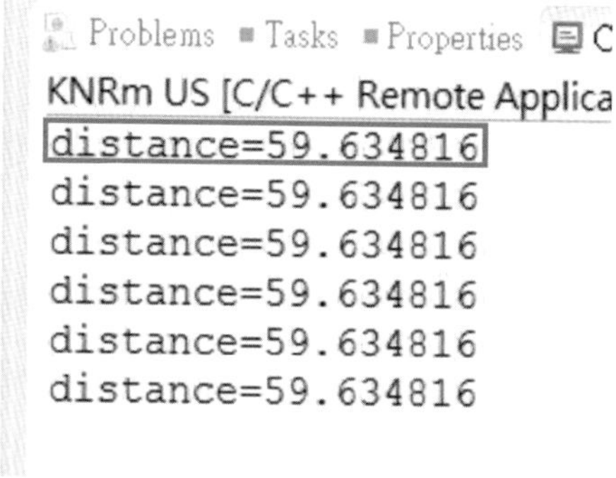

Problems ■ Tasks ■ Properties ▢ C

KNRm US [C/C++ Remote Applica
distance=59.634816
distance=59.634816
distance=59.634816
distance=59.634816
distance=59.634816
distance=59.634816

圖 7-13　機器人距離前方物體 60cm 處之掃描結果

7-5-2　超音波距環境掃描實驗

　　利用 RC 馬達以及超音波測距儀進行 180° 範圍的環境掃描，並將結果以 XY Graph 繪出，X 方向為機器人的右方，Y 方向為機器人前方。在環境掃描的結果中，超音波感測器的測距範圍最遠約 300 公分，因此當實際距離超出超音波所能測距的範圍，圖形會以最大的值顯示，如圖 7-14 所示。

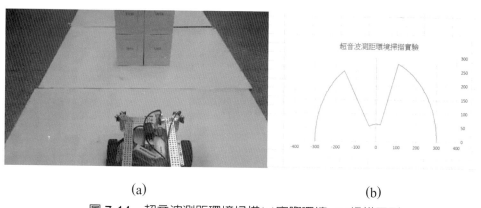

(a)　　　　　　　　　　　　　　　　　　(b)

圖 7-14　超音波測距環境掃描(a)實際環境　(b)掃描圖形

7-6　問題與討論

1. 根據原理說明中提到的超音波測距儀測量角度與結果的關係，嘗試改變超音波與物體表面的方向，超音波是否能夠順利的量測距離。

2. 試著將 RC Pulse Width (μs)轉換成角度輸入，請問這樣的轉換是否為線性？

3. 以 for 迴圈方式進行環境掃描，在每一次完整掃描的過程中無法停止程式或終止掃描。請分析程式運作的時序關係，並試以其他方式取代 for 迴圈的使用，在進行環境掃描的過程中能夠隨時將程式停止。

Lab 8 紅外線測距校正與類比訊號輸入實驗

8-1 實驗目的

1. 學習 KNRm 類比電壓量測方式
2. 了解紅外線感測器原理與使用方式

8-2 原理說明

8-2-1 KNRm 類比電壓量測

　　KNRm 控制器中內建 A/D(Analog-to-Digital converter)類比電壓量測通道，可以連接廣泛的感測器並量測感測器的類比電壓，如紅外線、傾斜儀、陀螺儀等感測器。KNRm 控制器總共有 16 個類比電壓通道，分別為兩個群組(channel 0-7, 8-15)。使用者需留意每一個群組是 single-ended 或 differential 模式輸入。在 single-ended 模式，感測器的正端接到某個 AI channel，負端接到 AI GND。在 differential 模式，電壓數據由兩個 AI channel 組成，例如：正端接到 AI0，負端接到 AI1。在 single-ended 模式，可量測到的電壓範圍為 0V～4.5V；在 differential 模式，可量測到的電壓範圍為–4.5V～4.5V。

　　KNRm 類比電壓輸入的位置如圖 8-1 所示，有兩種介面設計，第一為彈簧接頭，總共提供 14 個接點，此接點在陣列中表示為 2～16。由左至右，第 1、2 個接點為 5V 電源輸出；第 3 到 8 的接點為 6 個類比電壓輸入，可使用單芯線與感測器訊號進行連接，而感測器所需之電源可利用 KNRm 提供的電力供應；第 9～14 為電源接地。第二種為紅外線測距儀連接埠共兩個，每一個連接埠都有 5V、GND 與訊號線，這兩個連接埠在陣列中分別表示為 0、1。因此，KNRm 最多能夠擁有 8 個類比電壓輸入，用來量測感測器的資訊。

彈簧接頭
類比輸入通道

圖 8-1　類比電壓輸入連接埠

8-2-2　紅外線測距儀工作原理

紅外線測距儀能夠感測前方的物體，生活中的應用相當廣泛，如常見的自動感應水龍頭、自動沖水等。KNRm 的紅外線測距儀如圖 8-2 所示，爲 SharpGP2Y0A21YK0F，有效的感測距離約 10～80cm，工作電壓爲 4.5～5.5V，輸出的形式爲類比電壓。此類型的紅外線感測器如圖 8-3 所示，採用的是一維 PSD(1-D Position Sensitive Detector)的方式進行位置量測，PSD 能夠在一維空間進行多點的感測，能夠得知入射光線的位置。紅外線感測器具有紅外線(IR)發射器以及一維的 PSD 元件，當感測器發射紅外線光束至物體表面時，會因爲距離不同，將光束反射在 PSD 元件對應的位置上，依據光線抵達的位置不同，可以推算物體表面與紅外線感測器的距離。

圖 8-2　KNRm 紅外線感測器

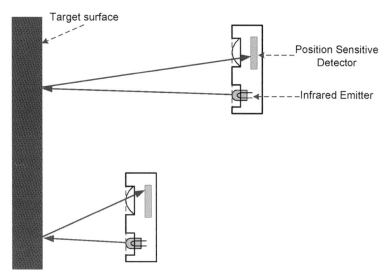

圖 8-3　紅外線感測器 PSD 測距工作模式

　　紅外線感測器會將距離以類比電壓的方式輸出，每一種型號的紅外線感測器都會有個別的測量範圍與電壓-距離的轉換方式。以 GP2Y0A21YK0F 為例，類比電壓的輸出與距離關係如圖 8-4 所示，電壓會隨著距離的增加而減少，僅在 10～80 公分的範圍間呈反比關係，在電壓與距離轉換的時候需要特別注意。

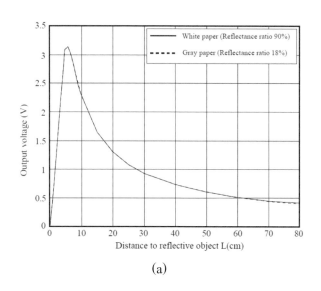

(a)

圖 8-4　電壓與距離關係對照圖(a)距離-電壓關係圖 (b)距離倒數-電壓關係圖
(本圖取自 Sharp GP2Y0A21YK0F datasheet)

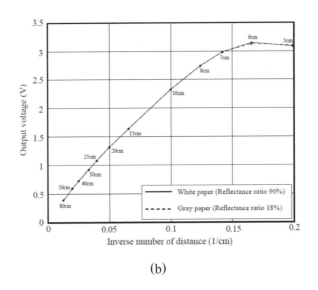

(b)

圖 8-4 電壓與距離關係對照圖(a)距離-電壓關係圖 (b)距離倒數-電壓關係圖
(本圖取自 Sharp GP2Y0A21YK0F datasheet) (續)

 ## 8-3 實驗器材

1. KNRm 機器人控制系統
2. Matrix 機器人
3. 紅外線感測器(x1)
4. 所需線材：USB 無線網卡、KNRm 電源線、KNRm 內部電源線(短)、紅外線線材(x1)

 ## 8-4 實驗步驟

8-4-1 安裝紅外線測距儀

　　KNRm 所附之紅外線感測器具有專用線材，可直接連接到 KNRm 主機上，在連接時要注意紅外線感測器的方向，一定要依照圖 8-5 所示之方式連接才正確。紅外線測距儀則固定於機器人前端，可偵測前方的距離資訊，如圖 8-6 所示。

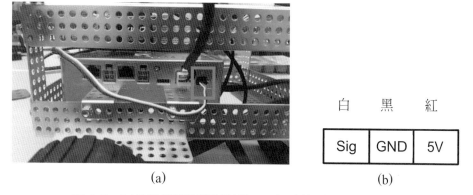

白　　黑　　紅

Sig	GND	5V

(a)　　　　　　　　　　　(b)

圖 8-5　(a)紅外線測距儀連接埠 (b)紅外線測距儀插座方向

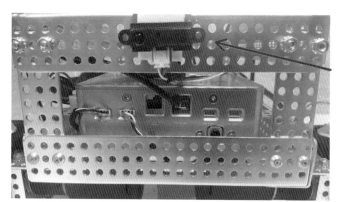

紅外線測距儀

圖 8-6　紅外線測距儀裝置於 Matrix 機器人前端

8-4-2　類比電壓測量與擷取

　　範例程式如圖 8-7 所示，已經先完成了類比電壓的輸入與擷取工作，可以直接看到目前所有類比電壓腳位的電壓以及經 A/D 轉換後的數值。透過此程式，可以讀取類比設備的實際電壓值，進行距離轉換，以符合各種感測器的需求，8-4-3 節將以紅外線感測器為例，進行距離與電壓間的轉換。

```
int main(int argc, char **argv)
{
    int i,ret;
    double readVal[8];
    if( (ret=KNRm_Open()) <0 )
    {
        return ret;
    }
    Set5VPower(1);
    while (1)
    {
        for(i=0;i<8;i++)
        {
            readVal[i]=AI_Read(i);
        }
        for(i=0;i<8;i++)
        {
            printf("  %f",AI_IRDistance(readVal[i]));
        }
        printf("\n");
        usleep(20000);
        printf("\n");
        usleep(20000);
    }
    Set5VPower(0);
    if( (ret=KNRm_Close()) <0 )
    {
        return ret;
    }
    return 0;
}
```

開啓 KNRm 與設定 5V 電源

使用 AI_Read(i)的 Function 讀取紅外線發射與回收的電壓值。

使用 AI_IRDistance()把收到的電壓轉換成距離(單位：cm)

圖 8-7 類比電壓測量範例程式

其中，double 變數 readVal 為儲存紅外線接收與傳送的電壓大小，而 while 迴圈中，首先以 readVal 儲存當下回傳電壓的值，而後使用所設計的 Function AI_IRDistance()把電壓值轉換成距離後來輸出，其轉換公式可參考第 8-4-3 節，紅外線測距儀電壓與距離轉換。

8-4-3　紅外線測距儀電壓與距離轉換

　　本實驗將利用紅外線距離與電壓的反比關係來設計距離轉換工具。利用第 8-4-2 節的程式可以量測紅外線感測器的電壓大小，在此以 5 公分為間隔，量測紅外線測距儀的電壓，製成表 8-1。因距離與電壓成反比關係，假設距離與電壓的關係如式(8-1)所示。因此，將電壓倒數與距離的關係繪製如圖 8-8，找出線性漸進線

$$y = Ax + B \tag{8-1}$$

其中 A、B 為實驗所得數據，會依各感測器不同而有所差異，在本次實驗中，依表 8-1 量測結果計算可得 A 為 0.0266、B 為 −0.2811。利用線性漸進線作為電壓-距離的轉換關係，可使用程式計算紅外線測距儀感測到的距離，執行結果請參考圖 8-10。

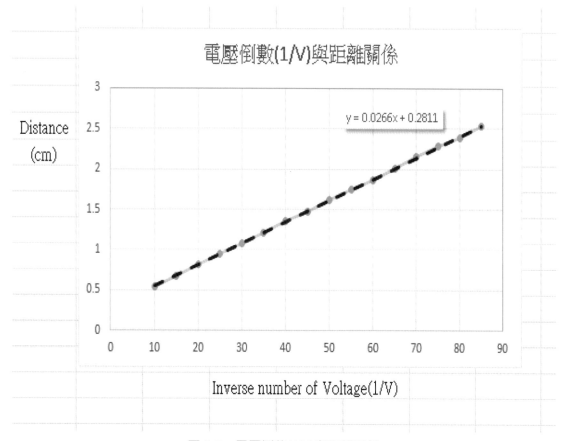

圖 8-8　電壓倒數(1/V)與距離關係

表 8-1 實際距離與測量電壓的關係

實際距離(cm)	電壓(V)	1/電壓
10	1.829060	0.5467
15	1.478632	0.6763
20	1.233211	0.8109
25	1.059829	0.9435
30	0.927961	1.0776
35	0.827839	1.0280
40	0.738706	1.3537
45	0.676435	1.4783
實際距離(cm)	電壓(V)	1/電壓
50	0.619048	1.6154
55	0.573871	1.7426
60	0.537241	1.8614
65	0.496947	2.0123
70	0.462759	2.1610
75	0.437118	2.2877
80	0.417582	2.3948
85	0.395604	2.5278

 8-5 實作展示

在此實驗中將利用 KNRm 主機擷取紅外線感測器的類比電壓，並使用自製的電壓-距離轉換進行距離量測。在實驗進行中，將紅外線感測器固定於 Matrix 機器人的前方，觀察紅外線測距感測器的電壓大小以及轉換後的距離是否能夠相符於實際的距離。

1. 當紅外線與物體表面距離 20cm，如圖 8-9 所示。圖 8-10 為程式執行結果。

圖 8-9　實際機器人與前方物體距離 20cm

```
  Problems   Tasks   Properties   Console ☒   Search
KNRm AI Read [C/C++ Remote Application] C:\Users\user\wor

voltage   1.233211distance   20.049433

voltage   1.227106distance   20.200206

voltage   1.235653distance   19.989541
```

圖 8-10　機器人與前方物體距離 20cm 之執行結果

2. 當紅外線與物體表面距離 40cm，圖 8-11 所示。圖 8-12 為程式執行結果。

圖 8-11　實際機器人與前方物體距離 40cm

圖 8-12　機器人與前方物體距離 40cm 之執行結果

3. 當紅外線與物體表面距離 60cm，如圖 8-13 所示。圖 8-14 為程式執行結果。

圖 8-13　實際機器人與前方物體距離 60cm

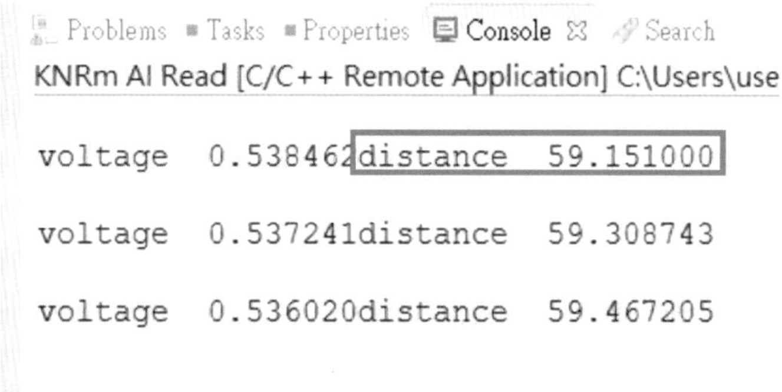

圖 8-14　機器人與前方物體距離 60cm 之執行結果

8-6　問題與討論

1. 請觀察 KNRm 紅外線距離轉換程式所輸出的距離與實際距離是否相符？請嘗試參考紅外線測距儀的電壓-距離關係，寫出類比電壓至距離的轉換程式。

2. 當紅外線測距儀前方沒有物體時，所量測到的電壓為多少？該如何判斷前方沒有障礙的情形或是紅外線測距儀沒有反射光線的情形。

機器人影像處理實驗

 ## 9-1　實驗目的

1. 學習影像擷取操作
2. 學習基本影像處理

 ## 9-2　原理說明

　　圖 9-1 為機器人基於影像的行動架構圖，利用攝影機取得目標與機器人的相對位置資訊，如果目標出現在攝影機畫面之中，轉動機器人讓機器人正對目標，使機器人追隨目標前進，並到達目標地點。

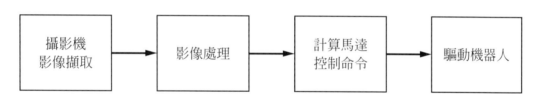

圖 9-1　機器人影像導引架構圖

9-2-1　影像處理基本概念

　　當攝影機擷取到影像資訊後，要經過怎樣的處理及轉換才可以讓擷取到的影像轉換成機器人可以辨識的資訊呢？在影像處理中，一種常用的方法是先將攝影機擷取到的資料給予特定的 color mode 之後，再利用程式進行板塊形狀的處理。

以下為影像處理中常用的 color mode：

1. RGB color mode：RGB 三個字分別為 Red(紅色)、Green(綠色)，以及 Blue(藍色)，RGB 色彩空間又稱三原色光模式。此種顏色模型，是一種紅、藍、綠三原色光用不同比例相加後，產生多種對應色光的模式，通常用在電腦、電視或電子影像呈現。

三原色的選定是基於人類的生理原理，人類的眼睛內有可以辨識顏色的感光細胞，其中有三種感光細胞對人類的視覺影響最深，分別對黃綠色、綠色、藍紫色最敏感。

理論上，三種顏色的色光所組成的比例可以有無限多種，但在影像處理中會用數位的方式記錄影像。當今主流的記錄方式為 24bits，24bits 的記錄方式為使用 3 個 8 位元的整數(8 bit unsigned)將紅光、綠光、藍光的強度分成 0～255，之後再合併為一個 24bits 的資料。此種記錄方式可以產生 $256^3 = 16777216$ 種色光，這些數量的色光對人類的眼睛來說已經無法明確分辨。

2. CMYK color mode：CMYK 四個字分別為 Cyan(青綠色)、Magenta(洋紅色)、Yellow(黃色)以及 blacK(黑色，為了不和 RGB 的 Blue 混淆而定義為 K)，CMYK color mode 又稱印刷四分色模式，是彩色印表機在印刷時採用的一種顏色模式，不同於 RGB 的三原色組合，而是利用顏料的三原色混色原理，再加上黑色，總計四種顏色組合出要列印色彩目標的顏色。

3. HSL color mode：HSL 三個字分別為 Hue(色相)、Saturation(飽和度)以及 Lightness(亮度)。飽和度越高，代表色彩越純，越低則顏色偏灰。影像辨識有時偏好使用 HSL 而不選擇 RGB color mode 或 CMYK color mode。HSL color mode 比較類似於人類感受顏色的方式，不同於 RGB color mode 跟 CMYK color mode 使用加法原光或原色的方式表示一種顏色。

4. HSV color mode：HSV color mode 的表示方法類似於 HSL color mode，差別在於 Lightness(亮度)改成 Value(明度)，基本觀念是類似的。使用 NI Vision Development Module 的函式時，H、S、V 的範圍個別為：H：0～255；S：0～255；V：0～255

9-2-2 影像處理函式庫說明

使用 NI(National Instruments) 提供的視覺開發模組(NI Vision Development Module，VDM)，版本為 NI Vision Development Module 2015。VDM 可以幫助讀者進行機器視覺應用的開發與設計，擁有多樣的影像處理函式，舉凡：影像擷取、二值化影像處理、測量影像的資訊……等等。

安裝 LabVIEW 2015 時，在 Product List 的頁面，將 myRIO Optional Software 點開，能看到其他可安裝的軟體，Vision Development Module 與 Vision Acquisition

Software(VAS)便在其中，點選並安裝，如圖 9-2 方框處所示。

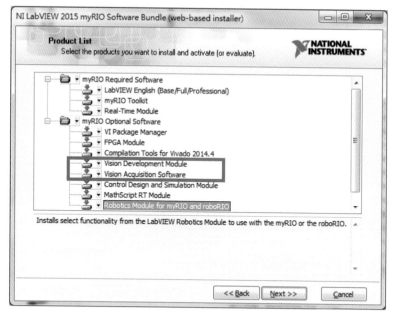

圖 9-2　安裝 VDM 與 VAS

9-2-3　NI Vision Development Module 安裝流程

1. 下載 myRIO Software Bundle 2015，下載網址：

http://www.ni.com/academic/download.htm，網頁如圖 9-3 所示。

Download Academic Software

Overview

This page contains the most current, academic software suites and bundles. These suites and bundles consolidate all relevant software for your application needs into a single installer. To access the previously featured, individual toolkits and modules, visit Academic Software Downloads for 2013 to 2015 Versions.

The following installers, with the exception of WaveForms, are **Windows only** and require a serial number to activate the software you install. Alternatively, you can install the software in evaluation mode for a limited time.

To learn about software and installers for additional operating systems, visit Install NI Academic Software for Mac OS X and Linux.

Recommended Installers for Students and Educators
▶ NI Student Edition Software
▼ myRIO Software Bundle

The myRIO Software Bundle includes a LabVIEW development system, the LabVIEW Real-Time Module, the LabVIEW myRIO Toolkit, and other NI software for developing myRIO applications.

Product	2016	2015
myRIO Software Bundle	12.7 MB²	10.13 MB²

▶ myDAQ Software Suite
▶ LabVIEW
▶ Popular Software Add-Ons for LabVIEW
▶ Circuit Design Suite (Multisim and Ultiboard)
▶ WaveForms for Analog Discovery 2—NI Edition

Recommended Installers for Software Administrators
▶ Software Platform Bundle

圖 9-3　myRIO Software Bundle 2015 下載頁面

2. 開啓 myRIO Software Bundle 2015，按 Next，如圖 9-4 所示。

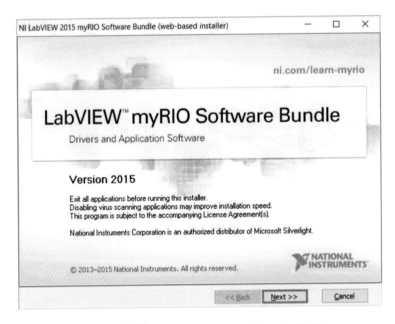

圖 9-4　開啓 myRIO Software Bundle 2015

3. 依需求選擇：(1)下載後就安裝、(2)僅下載軟體，如圖 9-5 所示。

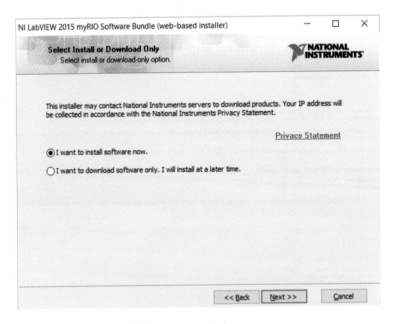

圖 9-5　選擇安裝方式

4. 依序點選 myRIO Optional Software 裡的軟體，選擇「install」，其中包含 Vision Development Module 與 Vision Acquisition Software，如圖 9-6 所示。myRIO Optional Software 都出現綠色安裝符號後，按 Next，如圖 9-7 所示。

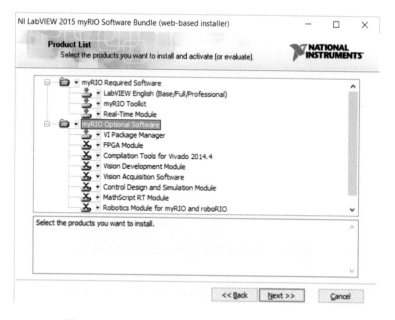

圖 9-6　myRIO Optional Software 的軟體列表

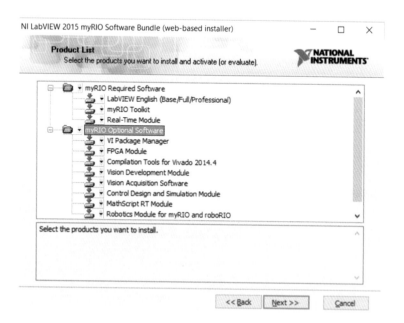

圖 9-7　myRIO Optional Software 出現綠色安裝符號

5. 依需求勾選是否想要收到 NI 產品的更新資訊，按 Next，如圖 9-8 所示。

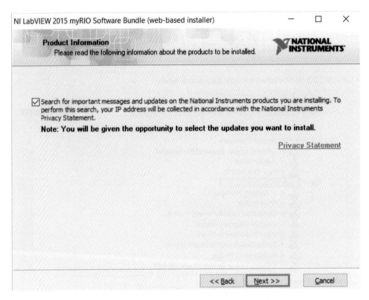

圖 9-8　是否想要收到 NI 產品的更新資訊

6. 安裝軟體的使用者資訊，若擁有 NI LabVIEW 2015 myRIO Software Bundle 的序號，可以輸入序號進行安裝。若沒有序號，則直接按 Next，便可以試用軟體，如圖 9-9 所示。

圖 9-9　輸入序號進行安裝

7. 選擇軟體的安裝路徑，按 Next，如圖 9-10 所示。

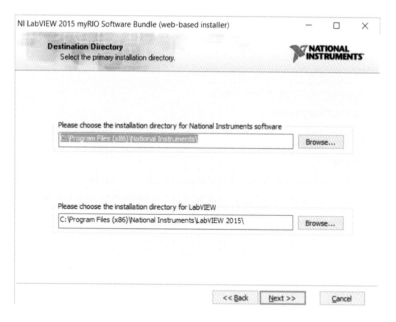

圖 9-10　安裝路徑

8. 選擇 I accept the above 6 License Agreement(s)，按 Next，如圖 9-11 所示。接著選擇 I accept the above 2 License Agreement(s)，按 Next，如圖 9-12 所示。

圖 9-11　Accept 6 License Agreements

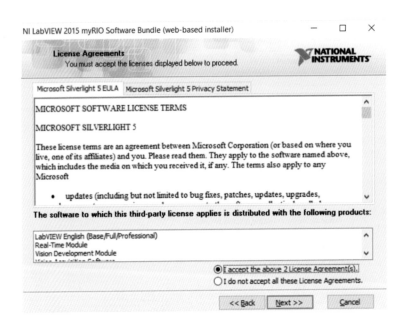

圖 9-12　Accpet 2 License Agreements

9.　將安裝的軟體列表，按 Next，如圖 9-13 所示。

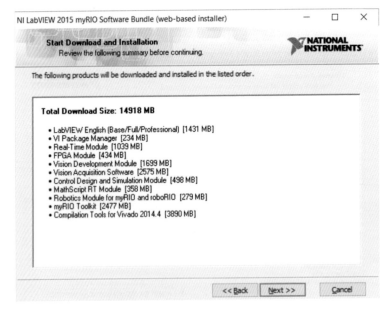

圖 9-13　即將安裝之軟體列表

10. 開始下載所選擇的軟體，如圖 9-14 所示。

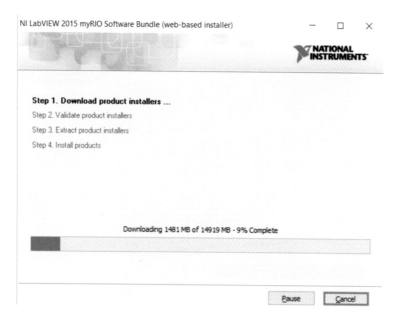

圖 9-14　下載所選擇之軟體

11. 進入安裝畫面，如圖 9-15 所示。

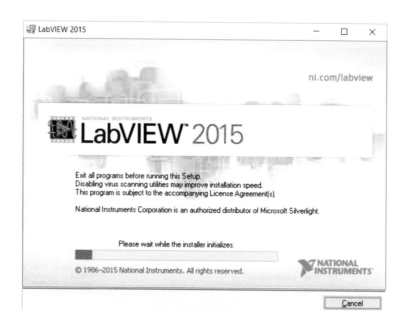

圖 9-15　安裝畫面

12. 安裝進度條，等待安裝完畢即可。圖 9-16 顯示正在安裝哪一項軟體，圖 9-17 顯示
    正在安裝之軟體進度。

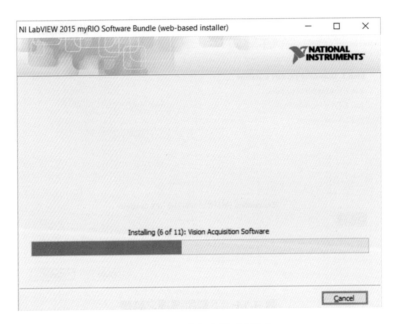

圖 9-16　正在安裝之程式

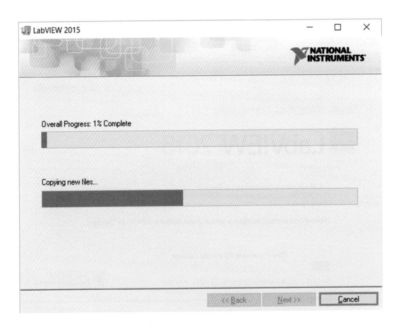

圖 9-17　當下安裝之程式進度

13. 已安裝的軟體名稱與警告資訊,按 Next,如圖 9-18 所示。

圖 9-18　已安裝之軟體名稱與警告資訊

14. 安裝結果頁面,顯示安裝成功與失敗的軟體資訊,如圖 9-19 所示。

圖 9-19　安裝結果頁面

 9-3　實驗器材

1. KNRm 主機
2. Matrix 機器人
3. 直流馬達*2
4. WebCAM 攝影機*1：Microsoft LifeCam H-3000
5. 所需線材：DC 馬達接線*2

 9-4　實驗步驟

9-4-1　安裝攝影機與確認其運作情況

1. 將攝影機裝在機器人前方，使機器人可以利用攝影機觀測前進方向狀況，攝影機與 KNRm 主機連接。
2. 將 KNRm 與電腦連接，開啓 NI MAX，在 Remote Systems 列表中選擇 KNRm，接著於 Devices and Interfaces 中找到與 KNRm 連接的攝影機，本實驗爲 Microsoft LifeCam HD-3000，如圖 9-20 方框處所示。型號後面的"cam0"爲 KNRm 分配給攝影機的內部編號，作爲之後控制攝影機之函式的參數使用。

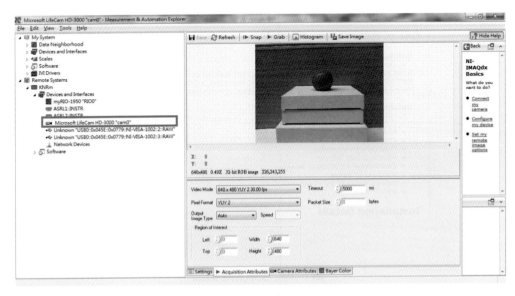

9-20　與 KNRm 連接的攝影機

3. 點選攝影機後，在右邊視窗選擇 Acquisition Attributes 頁面，點選上方的 Grab，可以確認攝影機是否正常運作，如圖 9-21 方框處所示。確認完畢後，點選左方 KNRm 離開攝影機的畫面，避免之後執行程式時與 NI MAX 產生衝突。

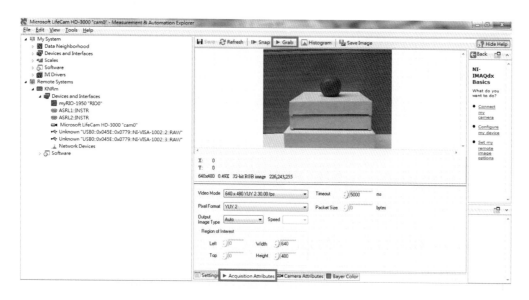

9-21　確認攝影機的運作

9-4-2　專案設定

想要在 Eclipse 專案中使用 NI Vision Development Module 2015，必須先進行專案的設定，右鍵點選專案→Properties→C/C++ Build→Settings

Step 1：

1. 點選 Cross GCC Compiler 下的 Includes，於 Include paths 中新增 VDM2015 的 header file 所在路徑：

   C:\Program Files(x86)\NationalInstruments\Shared\ExternalCompilerSupport\C\include

2. 在 Include files 中新增 nivision.h 與 NIIMAQdx.h

   如圖 9-22 所示。

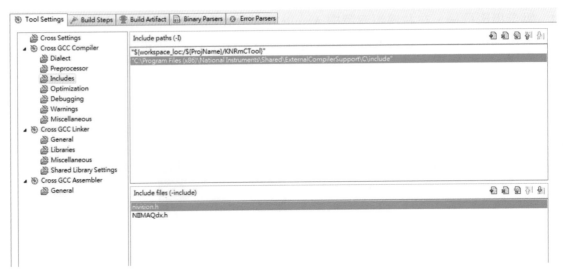

9-22　專案設定－Includes

Step 2：

1. 點選 Cross GCC Linker 下的 Libraries，並於 Libraries 中新增 nivision、nivissvc、niimaqdx。

2. 在 Library search path 新增 VDM2015 的 Libraries 所在路徑：

   C:\Program Files(x86)\National Instruments\Shared\ExternalCompilerSupport\C\arm\gcc

   如圖 9-23 所示。

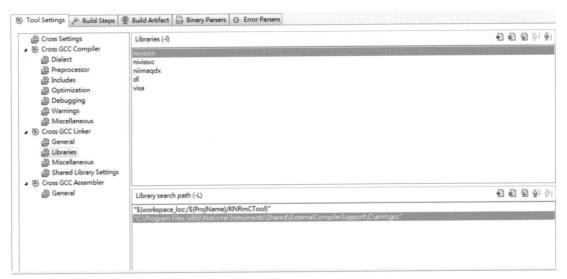

9-23　專案設定－Libraries

Step 3：

點選 Miscellaneous，於 Linker flags 輸入：

-WI, --unresolved-symbols=ignore-in-shared-libs，如圖 9-24 所示。

這是 gcc compiler 上的指令，用意是告訴 Linker，當有 unresolved symbol 或是 library 時，可暫時忽略，繼續執行動作。

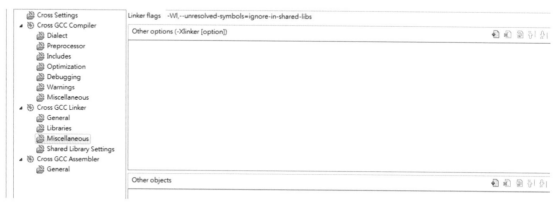

9-24 專案設定－Miscellaneous

Step 4：點選 OK，完成設定

9-4-3 影像處理設計

透過影像處理，可以將影像中的特定資訊萃取出來，並作為機器人執行任務時的判斷依據。萃取影像中的資訊時需要搭配不同影像處理技巧以及函式的組合才能將結果達到較為理想的狀態，過程中需要不停的嘗試與調整，因為攝影機擷取的影像容易受到外界環境干擾的影響，例如：光線、背光等等因素。本實驗中，想要從含有紅球的影像中將紅球萃取出來，作為機器人追蹤紅球的依據，並且讓機器人在距離紅球 30 公分的位置停止。需要從影像中得到以下資訊：偵測紅球、紅球在影像中的面積。

1. 偵測紅球：讓機器人判斷視野中是否有紅球出現。
2. 紅球在畫面中的面積：用於判斷與紅球間的距離。

流程圖如圖 9-25 所示：

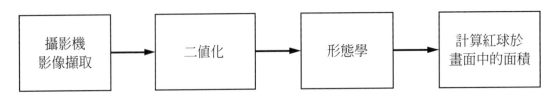

圖 9-25　紅球擷取流程圖

實驗設置如圖 9-26 所示，想要讓機器人在紅球前方 30 公分時停止，但是考慮實際上影像擷取與處理時會有一些誤差，因此將紅球置於 35 公分處進行影像處理，並計算其於畫面中的面積。

圖 9-26　實驗設置圖

1. 攝影機資料擷取：使用攝影機擷取影像。
2. 二值化：透過 Thresholding 將影像二值化，只留下與紅球顏色相同的部份，並將符合條件的 pixel 值設為 255(灰階影像的白色)。
3. 形態學(Morphology)：去除影像中背景雜訊並強化紅球(前景)部份，讓紅球的形態更加完整。
4. 計算紅球於畫面中的面積：使用 VDM2015 的函式計算面積，單位為 pixel。

9-4-4 影像處理設計範例程式

此程式將紅球從擷取之影像中截取出來，並計算影像重心與紅球於影像中的面積，程式流程依照圖 9-25 流程圖進行編寫。

1. include 會使用到的函式庫

```
 2⊕ * Lab9: Robot Vision Experiment
20 #include <stdlib.h>
21 #include <stdio.h>
22 #include <stdbool.h>
23 #include <time.h>
24 #include <unistd.h>
25 #include <math.h>
26 #include "KNRm.h"
27 #include <nivision.h>
28 #include <NIIMAQdx.h>
```

2. define 攝影機於 KNRm 上的編號(可從 NI MAX 上取得)、圖片儲存路徑、一些常數

```
30 #define CAM_NAME "cam0"
31
32 #define CAPTURED_IMAGE_PATH "./capturedImage.png"
33 #define THRESHOLDED_IMAGE_PATH "./thresholdedImage.png"
34 #define BINARY_IMAGE_PATH "./binaryImage.png"
35 #define MORPHOLOGY_IMAGE_PATH "./morphologyImage.png"
36 #define DUPLICATE_IMAGE_PATH "./duplicateImage.png"
37 #define TEMP_IMAGE_PATH "./tempImage.png"
38 #define ARRAY_TO_IMAGE_PATH "./ArrayToImage.png"
39
40 #define WINDOW_NUMBER 15
41 #define IMAQDX_ERROR_MESSAGE_LENGTH 256
42 #define MAX_PATHNAME_LEN    1024
43
```

3. 用於顯示錯誤訊息的函式

```
43
44 bool Log_Vision_Error(int errorValue);
45 bool Log_Imaqdx_Error(IMAQdxError errorValue);
46
```

4. 開啓與 KNRm 主機之連線及主機內建的 5V 電源。

```
47⊖ int main(int argc, char **argv)
48  {
49      //open
50      if (KNRm_Open()<0)
51      {
52          return -1;
53      }
54
55      Set5VPower(1);
56
```

5. 宣告用於影像處理的變數

```
57⊖     /*
58       * Your application code goes here.
59       */
60
61⊖     /*
62       * Image processing
63       */
64      unsigned char *array;
65      int column = 0;
66      int row = 0;
67      int i;
68      int j;
69      int ERROR_CODE;
70      int particle_num = 0;
71      double measure_area = 0;
72
```

6. 宣告程式中用於處理影像畫面的變數，VDM2015 中，型態為 Image*的變數才能被
   用來處理影像畫面

```
73      Image *captureImage = NULL;
74      Image *thresholdedImage = NULL;
75      Image *binaryImage = NULL;
76      Image *morphologyImage = NULL;
77      Image *duplicateImage = NULL;
78      Image *tempImage = NULL;
79      Image *arrayToImage = NULL;
```

7. 使用 HSV 做 Thresholding，在 VDM2015 中，型態為 Range 的變數同時具有最大值與最小值

```
81    /*
82     * declare the component of HSV
83     * H: hue
84     * S: saturation
85     * V: value
86     * For detecting Red ball, we set the range of H, S, V to threshold the image.
87     * The value of H, S, V are depend on the environment, and they are not fixed.
88     */
89    Range H;
90    Range S;
91    Range V;
```

8. 在 VDM2015 中，型態為 PointFloat 的變數可記錄 x 座標值與 y 座標值，IMAQdxSession session 則是用於尋找 KNRm 上可用之區塊給攝影機使用。

```
93        PointFloat centroid;
94        IMAQdxSession session = 0;
```

9. 設定 H、S、V 的最大值與最小值，這些數值不是固定的，必須依照實驗場地的環境進行調整。

```
96        printf("Set the threshold value of HSV of Red ball\n");
97        H.maxValue = 255;
98        H.minValue = 200;
99
100       S.maxValue = 255;
101       S.minValue = 90;
102
103       V.maxValue = 255;
104       V.minValue = 100;
105
```

10. 初始化型態為 Image*的變數，先讓它們指向 8-bit unsigned integer grayscale 且邊界大小為 3 pixels 的影像，現在這些影像中的值都是 0，為全黑之影像。邊界大小設定為 3 pixels 方便之後進行 Morphology 運算。

```
106⊖    /*
107      * Create Image, set the image type and border size
108      * Image Type: IMAQ_IMAGE_U8, the image type is 8-bit unsigned integer grayscale.
109      * border size: 3 pixels
110      *
111      * If a image without border, some functions, such as imaqMorphology, won't be successful.
112      * We set the border size to 3 for implementing imaqMorphology with default kernel (structure element)
113      */
114     captureImage = imaqCreateImage(IMAQ_IMAGE_U8, 3);
115     thresholdedImage = imaqCreateImage(IMAQ_IMAGE_U8, 3);
116     binaryImage = imaqCreateImage(IMAQ_IMAGE_U8, 3);
117     morphologyImage = imaqCreateImage(IMAQ_IMAGE_U8, 3);
118     duplicateImage = imaqCreateImage(IMAQ_IMAGE_U8, 3);
119     tempImage = imaqCreateImage(IMAQ_IMAGE_U8, 3);
120     arrayToImage = imaqCreateImage(IMAQ_IMAGE_U8, 3);
121
```

11. 開啟攝影機，並執行影像擷取，將擷取之影像存入 KNRm。

```
122     printf("\n -- Program Start -- \n");
123
124     if (Log_Imaqdx_Error(IMAQdxOpenCamera(CAM_NAME, IMAQdxCameraControlModeController, &session)))
125     {
126         printf("-- Fail to open the camera\n");
127     }
128
129     if (Log_Imaqdx_Error(IMAQdxSnap(session, captureImage)))
130     {
131         printf("-- Fail to Snap\n");
132     }
133
134     if(imaqWriteFile(captureImage, CAPTURED_IMAGE_PATH, NULL))
135     {
136         printf("-- Create the captureImage file\n");
137     }
```

IMAQdxOpenCamera：開啟攝影機

IMAQdxSnap：影像擷取(單張拍照)，並將影像傳給 captureImage

關於 IMAQdx 的函式使用說明，可以到以下路徑獲取：

C:\Program Files (x86)\National Instruments\NI-IMAQdx\Help

imaqWriteFile：將 captureImage 存入 KNRm，路徑為 CAPTURED_IMAGE_PATH 代表的./capturedImage.png。如果函式正常運作，則會回傳非 0 的值，反之則回傳 0。 capturedImage.png 如圖 9-27 所示。

圖 9-27　capturedImage.png

12. 對 captureImage 進行 Thresholding，並且將 Thresholding 的結果由 thresholdedImage
接收並將影像存入 KNRm。

```
139    /*
140     * HSV thresholding
141     * For Red ball , extract the components of HSV within the range in the view
142     *
143     * Details for imaqColorThreshold:
144     * <National Instruments>\Vision\Help
145     * NI Vision C Support Help
146     *
147     */
148
149    if(imaqColorThreshold(thresholdedImage, captureImage, 255, IMAQ_HSV, &H, &S, &V))
150    {
151        printf("-- Finish the image HSV thresholding\n");
152        printf("H: Max value = %d, Min value = %d\n", H.maxValue, H.minValue);
153        printf("S: Max value = %d, Min value = %d\n", S.maxValue, S.minValue);
154        printf("V: Max value = %d, Min value = %d\n", V.maxValue, V.minValue);
155        printf("---------------------------------\n");
156    }
157
158    if(imaqWriteFile(thresholdedImage, THRESHOLDED_IMAGE_PATH, NULL))
159    {
160        printf("-- Write thresholdedImage to KNRm\n");
161    }
162
```

imaqColorThreshold(thresholdedImage, captureImage, 255, ColorMode,&H, &S, &V)：將 captureImage 落在 H、S、V 範圍內的 pixel 值設為 255，即灰階影像的白色，並將結果傳給 thresholdedImage。此處使用 HSV 的 Color Mode，因此在 ColorMode 處輸入 IMAQ_HSV。如果要使用 RGB 進行 thresholding，則輸入 IMAQ_RGB；使用 HSL 進行 thresholding，則輸入 IMAQ_HSL。函式若成功執行，則會回傳非 0 的值，反之則回傳 0。thresholdedImage.png 如圖 9-28 所示。

圖 9-28 thresholdedImage.png

13. 某些情況下，可能需要知道 pixel 的值，以利之後的影像處理，VDM2015 提供將影像轉成陣列的函式。使用該函式後，480*640 的灰階影像會變成 1*(640*480)的一維陣列，在影像中座標為(i, j)的 pixel 值等於陣列中第 i*640 + j 個的 element 值。

```
177   /*
178    * Turn Image to Array
179    * If we want to see the value of each pixel, we need to turn an image to array.
180    *
181    * imaqImageArray: Creates a two-dimensional array from an image.
182    * thresholdedImage: source image for making the array.
183    *
184    * array: receive the array returned by the imaqImageArray.
185    * The type of array depends on the type of the image.
186    * If the type of image is IMAQ_IMAGE_U8, the type of array should be "unsigned char".
187    *
188    * The array, returned by the function, is one-dimensional.
189    * The pixel value of (ith row, jth column): array[i*column + j].
190    *
191    * Furthermore, we can change the pixel value if we want.
192    *
193    * Details for imaqImageToArray:
194    * <National Instruments>\Vision\Help
195    * NI Vision C Support Help
196    *
197    */
```

將 thresholdedImage 的影像資訊轉成陣列形式，並由 array 接收。

```
199     array = imaqImageToArray(thresholdedImage, IMAQ_NO_RECT, &column, &row);
200
201     printf("Column of array: %d\n", column);
202     printf("Row of array: %d\n", row);
203
204     if(array != NULL)
205     {
206         printf("-- Image to Array successfully\n");
207     }
```

14. 將陣列中 element 值不等於的 0 的部份顯示出來。

```
209     for(i = 0; i<row; i++)
210     {
211         for(j = 0; j<column; j++)
212         {
213             if(array[i*column + j] != 0)
214             {
215                 printf("%d ", array[i*column+j]);
216             }
217
218             if(j+1 == column)
219             {
220                 printf("\n");
221             }
222         }
223     }
224
```

15. 針對陣列中的 element 進行處理之後，必須再陣列轉換回影像，才能將修改後的結果以影像儲存於 KNRm 中並呈現。VDM2015 亦提供將陣列轉換成影像的函式。

```
225     /*
226      * Turn Array to Image
227      *
228      * imaqArrayToImage: Sets the pixels of an image to the values in a given array.
229      * arrayToImage: the destination image
230      * array: the array used to set the pixels of an image.
231      *
232      * Details for imaqArrayToImage:
233      * <National Instruments>\Vision\Help
234      * NI Vision C Support Help
235      *
236      */
```

將 array 的陣列轉成影像，並由 arrayToImage 接收，再將 arrayToImage 的影像存入 KNRm。

```
237    if(imaqArrayToImage(arrayToImage, array, column, row))
238    {
239        printf("-- Array to Image successfully\n");
240    }
241    if(imaqWriteFile(arrayToImage, ARRAY_TO_IMAGE_PATH, NULL))
242    {
243        printf("-- Write arrayToImage to KNRm\n");
244    }
```

imaqArrayToImage：如果函式成功執行，則會回傳非 0 的值，反之則回傳 0。

16. Morphology(形態學)用於修飾 Thresholding 後的影像，讓所需的影像資訊清楚得凸顯出來。Morphology 包含很多方法，本實驗使用其中的 Erode 與 Dilate，並且交錯使用，去除背景雜訊並強化前景資訊。使用 Morphology 時，務必確定 Thresholding 後的紅球在影像中是最大塊的。Erode：減少背景中的碎片，並且侵蝕前景(紅球)的邊緣。Dilate：擴張影像中白色部份的邊緣，並減少白色內部的空洞，即 pixel 值為 0 的部份。先進行 Erode 再進行 Dilate，在 Morphology 中也稱為 Opening，可以將背景的碎片去除。至於要進行多少次 Erode 或 Dilate，沒有固定的次數，需要依照實驗環境進行調整。

```
246⊖    /*
247     * Morphology: Opening
248     *
249     * Steps:
250     * ERODE then DILATE
251     * (Can try more times to improve the result)
252     *
253     * Notice:
254     * imaqGrayMorphology will modify the source image, so we implement imaqDuplicate to make
255     * a copy for the source image before using imaqGrayMorphology
256     *
257     * IMAQ_ERODE:
258     * The function uses a transformation that eliminates pixels isolated in the background and
259     * erodes the contour of particles
260     *
261     * IMAQ_DILATE:
262     * The function uses a transformation that eliminates tiny holes isolated in particles and
263     * expands the contour of the particles.
264     *
265     * Details for imaqGrayMorphology and imaqDuplicate:
266     * <National Instruments>\Vision\Help
267     * NI Vision C Support Help
268     *
269     */
```

使用 imaqGrayMorphology 時，此函式會修改 source image，因此若之後仍要使用作為 source image 的影像時，記得先使用 imaqDuplicate 製作複製品。

```
271    //ERODE
272
273    if(imaqDuplicate(duplicateImage, thresholdedImage))
274    {
275        printf("-- The duplicate image of arrayToImage is made\n");
276    }
277
278    for(i = 0; i< 1; i++)
279    {
280        if(imaqGrayMorphology(morphologyImage, duplicateImage, IMAQ_ERODE, NULL))
281        {
282            printf("-- Morphology Opening: ERODE is finished\n");
283        }
284        else
285        {
286            printf("-- Morphology Opening: ERODE is failed\n");
287            ERROR_CODE = imaqGetLastError();
288            printf("-- ERROR CODE: %d\n", ERROR_CODE);
289        }
290
291        if(imaqDuplicate(duplicateImage, morphologyImage))
292        {
293            printf("-- The duplicate image of morphologyImage is made\n");
294        }
295
296    }
```

imaqDuplicate(duplicateImage, thresholdedImage)：

thresholdedImage 的影像會被複製，並且由 duplicateImage 接住，因此 duplicateImage 與 thresholdedImage 擁有相同的影像。函式若成功執行，會回傳不為 0 的數值，反之則回傳 0。

imaqGrayMorphology(morphologyImage, duplicateImage, Method, NULL)：

對 duplicateImage 進行 Morphology 處理，結果由 morphologyImage 接收，Method 部份則是選擇欲使用之 Morphology 方法，此處使用 Erode，則輸入 IMAQ_ERODE。更多的 Morphology 方法可以在 NIVisionCSupport 的文件中得到說明。如果 imaqGrayMorphology 成功執行，會回傳不為 0 的數值，反之則回傳 0。

```
299     //DILATE
300     for(i = 0; i< 1; i++)
301     {
302         if(imaqDuplicate(duplicateImage, morphologyImage))
303         {
304         printf("-- the duplicate image of morphologyImage is made\n");
305         }
306         if(imaqGrayMorphology(morphologyImage, duplicateImage, IMAQ_DILATE, NULL))
307         {
308             printf("-- Morphology Opening: DILATE is finished\n");
309         }
310         else
311         {
312             printf("-- Morphology Opening: DILATE is failed\n");
313             ERROR_CODE = imaqGetLastError();
314             printf("-- ERROR CODE: %d\n", ERROR_CODE);
315         }
316     }
```

先進行 Dilate 再進行 Erode，在 Morphology 中也稱為 Closing，可以將前景(紅球)內部的空洞補滿。同樣地，Dilate 和 Erode 的次數必須根據實驗場地進行調整。

```
319     /*
320      * Morphology Closing
321      *
322      * Steps:
323      * DILATE then ERODE
324      * (Can try more times to improve the result)
325      *
326      * Notice:
327      * imaqGrayMorphology will modify the source image, so we implement imaqDuplicate to make
328      * a copy for the source image before using imaqGrayMorphology
329      *
330      * Details for imaqGrayMorphology and imaqDuplicate:
331      * <National Instruments>\Vision\Help
332      * NI Vision C Support Help
333      *
334      */

336     //DILATE
337     for(i = 0; i< 1; i++)
338     {
339         if(imaqDuplicate(duplicateImage, morphologyImage))
340         {
341             printf("-- The duplicate image of morphologyImage is made\n");
342         }
343         if(imaqGrayMorphology(morphologyImage, duplicateImage, IMAQ_DILATE, NULL))
344         {
345             printf("-- Morphology Closing: DILATE is finished\n");
346         }
347         else
348         {
349             printf("-- Morphology Closing: DILATE is failed\n");
350             ERROR_CODE = imaqGetLastError();
351             printf("-- ERROR CODE: %d\n", ERROR_CODE);
352         }
353     }
```

```
355       //ERODE
356       for(i = 0; i< 1; i++)
357       {
358           if(imaqDuplicate(duplicateImage, morphologyImage))
359           {
360               printf("-- the duplicate image of morphologyImage is made\n");
361           }
362           if(imaqGrayMorphology(morphologyImage, duplicateImage, IMAQ_ERODE, NULL))
363           {
364               printf("-- Morphology Closing: ERODE is finished\n");
365           }
366           else
367           {
368               printf("-- Morphology Closing: ERODE is failed\n");
369               ERROR_CODE = imaqGetLastError();
370               printf("-- ERROR CODE: %d\n", ERROR_CODE);
371           }
372       }
```

17. VDM2015 提供一些有用的函式，讓使用者可以直接應用，不過不同的函式會有不同的使用規則以及回傳模式，到以下路徑：

C:\Program Files (x86)\National Instruments\Vision\Help

找到 NI VisionC Support 的說明書，裡面有針對各函式進行說明。

在這裡，應用 imaqFillHoles，這個函式能夠補滿影像中白色區塊內部的空洞，這些空洞的值會變成 1，因此函式結束後，必須再將那些 pixel 值為 1 的部份改成 255。

```
374       /*
375        * Fill holes in the detected red ball.
376        * imaqFillHoles: the function fills the holes with a pixel value of 1.
377        *
378        * Steps:
379        * 1. Using imaqFillHoles to fill the holes in the detected red ball.
380        * 2. Turn the image to array.
381        * 3. Find the pixels that have value = 1, then change their values to 255.
382        * 4. Turn array to image
383        *
384        * Details for imaqFillHoles:
385        * <National Instruments>\Vision\Help
386        * NI Vision C Support Help
387        *
388        */
```

```
390        if(imaqFillHoles(morphologyImage, morphologyImage, TRUE))
391        {
392          printf("-- Fill the hole in the detected red ball\n");
393        }
394
395        array = imaqImageToArray(morphologyImage, IMAQ_NO_RECT, &column, &row);
396        printf("Column of the array: %d\n", column);
397        printf("Row of the array: %d\n", row);
398
399        for(i = 0; i<row; i++)
400        {
401          for(j = 0; j<column; j++)
402          {
403              if(array[i*column + j] == 1)
404              {
405                  array[i*column + j] = 255;
406              }
407          }
408        }
409
410        if(imaqArrayToImage(morphologyImage, array, column, row))
411        {
412          printf("-- Array to Image successfully\n");
413        }
414        if(imaqWriteFile(morphologyImage, MORPHOLOGY_IMAGE_PATH, NULL))
415        {
416          printf("-- Write morphologyImage to KNRm\n");
417        }
```

imaqFillHoles(morphologyImage, morphologyImage, TRUE)：

對 morphologyImage 進行處理，再將結果傳給 morphologyImage。TRUE 代表使用 connectivity-8 的方式，FALSE 代表使用 connectivity-4 的方式。關於 connectivity 的詳細說明，可以至 NIVisionConcepts 文件檢視。若函式成功執行，則會回傳非 0 的值，反之則回傳 0。

ImaqImageToArray(morphologyImage, Rect, &column, &row)：

將 morphologyImage 的影像資料轉成陣列，在 Rect 處輸入 IMAQ_NO_RECT 表示 整張影像都要處理，並將行(column)值傳給 column，列(row)值轉給 row。 morphologyImage.png 如圖 9-29 所示。

圖 9-29 morphologyImage.png

18. 擷取的影像經過處理之後，使用 imaqCentroid 計算整張影像的重心，影像重心可以用於判斷視野中目標的位置。

```
455⊖    /*
456      * Compute the centroid (the center of mass) of the image
457      * morphologyImage: source image whose centroid the function calculates.
458      *
459      * Details for imaqCentroid:
460      * <National Instruments>\Vision\Help
461      * NI Vision C Support Help
462      */
463
464     if(imaqCentroid(morphologyImage, &centroid, NULL))
465     {
466         printf("-- Compute the center of mass of the morphologyImage\n");
467         printf("x-coordinate: %f\n", centroid.x);
468         printf("y-coordinate: %f\n", centroid.y);
469         printf("----------------------------------------------------\n");
470     }
471
```

imaqCentroid(morphologyImage, &centroid, NULL)：

計算 morphologyImage 的影像重心，並將重心的座標值傳給 centroid，NULL 代表整張圖都會被處理。若函式成功執行，則會回傳非 0 的值，反之則回傳 0。

19. 計算影像中的 Particle 數量，理想上 Particle 數須為 1，因為希望影像中只有一顆完整的紅球，並且計算其面積，單位為 pixel。如果一直出現 Particle(板塊)數不為 1 的情況時，需要回頭檢視影像處理各步驟是否確實將紅球萃取出來。將各步驟產生的影像存入 KNRm 中，使用 FileZilla 與 KNRm 連線，將各步驟的影像圖檔取出進行檢視。

```
486⊝    /*
487      * Calculate the area of the ball in the image
488      * We can imply the distance information from the change of the area in the image.
489      *
490      * Steps:
491      *
492      * 1. imaqCountParticles: Check how many particles (objects) in the image.
493      * Ideally, the number should be 1.
494      *
495      * 2. imaqDuplicate: Make a copy of the source image of imaqMeasureParticle for further use.
496      * Note: imaqMeasureParticle modifies the source image.
497      *
498      * morphologyImage: the source image of imaqMeasureParticle.
499      * duplicateImage: the copy of morphologyImage.
500      *
501      * 3. imaqMeasureParticle: Calculate the information of the particle that we are interesting in.
502      *
503      * morphologyImage: image containing the particle.
504      * particleNumber: input 0, otherwise, it will occur error.
505      * calibrated: 0
506      * IMAQ_MT_AREA: indicates that the function will return the area of the particle.
507      * measure_area: store the value returned by the function
508      *
509      * Details for imaqCountParticles and imaqMeasureParticle:
510      * <National Instruments>\Vision\Help
511      * NI Vision C Support Help
512      *
513      */
514
515      if(imaqCountParticles(morphologyImage, TRUE, &particle_num))
516      {
517          printf("-- Particles Counting is finished\n");
518          printf("-- The amount of particles: %d\n", particle_num);
519      }
520
521      if(imaqDuplicate(duplicateImage, morphologyImage))
522      {
523          printf("-- the duplicate image of morphologyImage is made\n");
524      }
525      if(imaqMeasureParticle(morphologyImage, 0, 0, IMAQ_MT_AREA, &measure_area))
526      {
527          printf("-- Measurement of the particle in the morphologyImage is completed\n");
528          printf("-- The area of the ball in the image: %f(pixels)\n", measure_area);
529      }
530      else
531      {
532          printf("-- Measurement of the particle is failed\n");
533          ERROR_CODE = imaqGetLastError();
534          printf("-- ERROR CODE: %d\n", ERROR_CODE);
535      }
536
537      if(imaqWriteFile(morphologyImage, MORPHOLOGY_IMAGE_PATH, NULL))
538      {
539          printf("-- Write morphologyImage to KNRm\n");
540      }
541
```

imaqCountParticles(morphologyImage, TRUE, &particle_num)：

計算 morphologyImage 中的板塊數量，並將數量的值傳給 particle_num。函式成功執行則會回傳非 0 的值，反之則回傳 0。

imaqMeasureParticle(morphologyImage, 0, 0, Measurement, &measure_area)：

計算 morphologyImag 內板塊的資訊，並將數值傳給 measure_area。此處想要知道面積資訊，因此於 Measurement 輸入 IMAQ_MT_AREA。如果想使用這個函式取得其他影像資訊，可以至 NIVisionCSupport 說明文件查看。如果影像中的板塊數量不等於 1，則函式只會回傳其中一個板塊的資訊。函式成功執行，會回傳非 0 的值，反之，則回傳 0。

20. 影像處理結束後，將攝影機關閉、釋放所使用的記憶體空間，並關閉與 KNRm 之連線與主機內建的 5V 電源。

```
542    /*
543     * Close the myRIO NiFpga Session.
544     * This function MUST be called after all other functions.
545     */

547    /*
548     * Cleanup
549     * Close Camera and dispose images
550     */
551
552    //Close the Camera session
553    IMAQdxCloseCamera (session);
554
555    // Dispose the image, release the memories
556    imaqDispose(captureImage);
557    imaqDispose(thresholdedImage);
558    imaqDispose(binaryImage);
559    imaqDispose(morphologyImage);
560    imaqDispose(duplicateImage);
561    imaqDispose(tempImage);
562    imaqDispose(arrayToImage);
563
564    printf("\n -- Exit the Program -- \n");
```

```
566        Set5VPower(0);
567
568        //close
569        if (KNRm_Close()<0)
570        {
571            return -1;
572        }
573
574        return 0;
575  }
```

21. 顯示錯誤訊息的函式

```
577  // Print the IMAQDX Error Message
578  bool Log_Imaqdx_Error(IMAQdxError errorValue)
579  {
580      if (errorValue) {
581          char errorText[IMAQDX_ERROR_MESSAGE_LENGTH];
582          IMAQdxGetErrorString(errorValue, errorText, IMAQDX_ERROR_MESSAGE_LENGTH);
583          printf("\n %s ", errorText);
584          return true;
585      }
586      return false;
587  }
588
589  // Print the VISION Error Message
590  bool Log_Vision_Error(int errorValue)
591  {
592      if ( (errorValue != TRUE) && (imaqGetLastError() != ERR_SUCCESS)) {
593          char *tempErrorText = imaqGetErrorText(imaqGetLastError());
594          printf("\n %s ", tempErrorText);
595          imaqDispose(tempErrorText);
596          return true;
597      }
598      return false;
599  }
600
```

9-4-5　執行結果(Console 視窗)

```
 -- Program Start --
-- Create the captureImage file
-- Finish the image HSV thresholding
H: Max value = 255, Min value = 200
S: Max value = 255, Min value = 90
V: Max value = 255, Min value = 100
-----------------------------------
-- Write thresholdedImage to KNRm
Column of array: 640
Row of array: 480
-- Image to Array successfully
-- Array to Image successfully
-- Write arrayToImage to KNRm
-- The duplicate image of arrayToImage is made
-- Morphology Opening: ERODE is finished
-- The duplicate image of morphologyImage is made
-- the duplicate image of morphologyImage is made
-- Morphology Opening: DILATE is finished
-- The duplicate image of morphologyImage is made
-- Morphology Closing: DILATE is finished
-- the duplicate image of morphologyImage is made
-- Morphology Closing: ERODE is finished
-- Fill the hole in the detected red ball
Column of the array: 640
Row of the array: 480
-- Array to Image successfully
-- Write morphologyImage to KNRm
-- Compute the center of mass of the morphologyImage
x-coordinate: 333.758942
y-coordinate: 183.656067
----------------------------------------------------

----------------------------------------------------
-- Particles Counting is finished
-- The amount of particles: 1
-- the duplicate image of morphologyImage is made
-- Measurement of the particle in the morphologyImage is completed
-- The area of the ball in the image: 8612.000000(pixels)
-- Write morphologyImage to KNRm

 -- Exit the Program --
logout
```

9-5 追蹤紅球與馬達控制設計

讀取影像處理設計的結果影像(範例程式的 morphologyImage.png)，計算並記錄該影像的面積，用於判斷紅球與機器人的距離。機器人往紅球移動時，若視野中的影像面積大於 morphologyImage.png 的面積時，停止移動，反之則往紅球方向前進。流程圖如圖 9-30 所示。

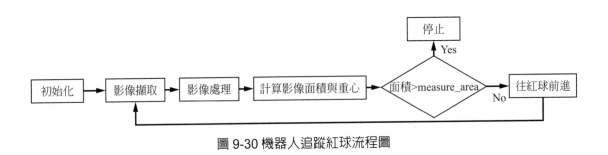

圖 9-30 機器人追蹤紅球流程圖

1. 初始化：讀取影像處理設計產生的 morphologyImage.png，計算該影像的面積與重心，分別以 measure_area、centroid 記錄。
2. 影像擷取：從攝影機擷取新的影像資料。
3. 影像處理：對新的影像資料進行處理，將紅球部份萃取出來。
4. 計算影像面積與重心：計算處理過後之影像面積與重心，作為機器人判斷遠近與偏向的依據。
5. 當新的影像面積大於 measure_area，代表紅球位於機器人前方 30 公分處，則機器人停止前進；反之，往紅球前進，並且根據影像的重心進行偏向的調整，即右轉或左轉。

9-5-1 追蹤紅球與馬達控制設計範例程式

此程式讓機器人追蹤紅球，向紅球移動，並在紅球前停止前進，程式依照圖 9-30 之流程進行編寫。

1. include 會使用到的函式庫

```
20⊕  * Lab9: Robot Vision Experiment□
22
23  #include <stdlib.h>
24  #include <stdio.h>
25  #include <stdbool.h>
26  #include <time.h>
27  #include <unistd.h>
28  #include <math.h>
29  #include "KNRm.h"
30  #include <nivision.h>
31  #include <NIIMAQdx.h>
```

2. define 攝影機於 KNRm 上的編號(可從 NI MAX 上取得)、圖片儲存路徑、一些常數

```
33  #define CAM_NAME "cam0"
34
35  #define CAPTURED_IMAGE_PATH "./capturedImage.png"
36  #define THRESHOLDED_IMAGE_PATH "./thresholdedImage.png"
37  #define TRACK_IMAGE_PATH "./trackImage.png"
38  #define DUPLICATE_IMAGE_PATH "./duplicateImage.png"
39  #define ARRAY_TO_IMAGE_PATH "./ArrayToImage.png"
40
41  #define WINDOW_NUMBER 15
42  #define IMAQDX_ERROR_MESSAGE_LENGTH 256
43  #define MAX_PATHNAME_LEN     1024
44
```

3. 用於顯示錯誤訊息的函式

```
44
45  bool Log_Vision_Error(int errorValue);
46  bool Log_Imaqdx_Error(IMAQdxError errorValue);
47
```

4. 開啓與 KNRm 主機之連線及主機內建的 5V 電源。

```c
48⊖ int main(int argc, char **argv)
49 {
50     //open
51     if (KNRm_Open()<0)
52     {
53         return -1;
54     }
55
56     Set5VPower(1);
```

5. 宣告控制 DC 馬達的變數，用於控制馬達連接埠、馬達速度

```c
58⊖     /*
59      * Your application code goes here.
60      */
61
62⊖     /*
63      * DC Motor Control
64      */
65     int PORTL = 1;
66     int PORTR = 2;
67     double speedR = 0.0;
68     double speedL = 0.0;
69     int count = 0;
```

6. 宣告機器人追蹤紅球需要的影像處理所需變數

```c
71⊖     /*
72      * Image processing
73      */
74     unsigned char *array;
75     int column = 0;
76     int row = 0;
77     int i;
78     int j;
79     int ERROR_CODE;
80     int particle_num = 0;
81     int image_num = 0;
82     int threshold_image_num = 0;
83     int capture_image_num = 0;
84     unsigned int BufferNumber = 0;
85     double measure_area = 0;
86     double area_track;
87     char filename[MAX_PATHNAME_LEN];
```

```
89        Image *captureImage = NULL;
90        Image *thresholdedImage = NULL;
91        Image *trackImage = NULL;
92        Image *duplicateImage = NULL;
93        Image *arrayToImage = NULL;
94
95        Range H;
96        Range S;
97        Range V;
98        PointFloat centroid;
99        PointFloat centroid_track;
100       IMAQdxSession session = 0;
```

7. 設計追蹤紅球時用於 Thresholding 的 H、S、V 參數，此參數可能會和影像處理設計階段不同，需要根據追蹤紅球時的環境進行調整。

```
102       printf("Set the threshold value of HSV of Red ball\n");
103       H.maxValue = 255;
104       H.minValue = 185;
105
106       S.maxValue = 255;
107       S.minValue = 75;
108
109       V.maxValue = 255;
110       V.minValue = 90;
```

8. 初始化型態為 Image*的變數，先讓它們指向 8-bit unsigned integer grayscale 且邊界大小為 3 pixels 的影像，現在這些影像中的值都是 0，為全黑之影像。邊界大小設定為 3 pixels 方便之後進行 Morphology 運算。

```
112       captureImage = imaqCreateImage(IMAQ_IMAGE_U8, 3);
113       thresholdedImage = imaqCreateImage(IMAQ_IMAGE_U8, 3);
114       duplicateImage = imaqCreateImage(IMAQ_IMAGE_U8, 3);
115       trackImage = imaqCreateImage(IMAQ_IMAGE_U8, 3);
116       arrayToImage = imaqCreateImage(IMAQ_IMAGE_U8, 3);
117
```

9. 讀取影像處理設計的 morphologyImage.png，並由 trackImage 接收，再將 trackImage 存入 KNRm 中。

```
118⊖    /*
119      * Load the image file that is used for calibration.
120      */
121
122     if(imaqReadFile(trackImage, "morphologyImage.png", NULL, NULL))
123     {
124         printf("-- Load morphologyImage.png successfully\n");
125     }
126
127     if(imaqWriteFile(trackImage, TRACK_IMAGE_PATH, NULL))
128     {
129         printf("-- Write trackImage into KNRm\n");
130     }
131
```

10. 計算 trackImage，即原本的 morphologyImage.png 的影像重心，並記錄。

```
132⊖    /*
133      * Determine the center of mass of the trackImage
134      */
135
136     if(imaqCentroid(trackImage, &centroid, NULL))
137     {
138         printf("-- Compute the center of mass of the trackImage\n");
139         printf("x-coordinate: %f\n", centroid.x);
140         printf("y-coordinate: %f\n", centroid.y);
141         printf("-----------------------------------------------------\n");
142     }
143
```

11. 計算 trackImage 的影像面積，單位 pixel，並記錄在 measure_area，此數值將用於機器人追蹤紅球的停止條件。

```
144   /*
145    * Get the area of the trackImage
146    */
147
148   if(imaqCountParticles(trackImage, TRUE, &particle_num))
149   {
150       printf("-- Particles Counting is finished\n");
151       printf("-- The amount of particles: %d\n", particle_num);
152   }
153
154   if(imaqDuplicate(duplicateImage, trackImage))
155   {
156       printf("-- the duplicate image of morphologyImage is made\n");
157   }
158   if(imaqMeasureParticle(trackImage, 0, 0, IMAQ_MT_AREA, &measure_area))
159   {
160       printf("-- Measurement of the particle in the morphologyImage is completed\n");
161       printf("-- The area of the ball in the image: %f(pixels)\n", measure_area);
162   }
163   else
164   {
165       printf("-- Measurement of the particle is failed\n");
166       ERROR_CODE = imaqGetLastError();
167       printf("-- ERROR CODE: %d\n", ERROR_CODE);
168   }
169
```

12. 開啓攝影機，並設定 Grab 功能。Grab 功能與影像處理設計的 Snap 功能相比，Grab 更加適合高速取像的應用情境。機器人追蹤紅球時，使用 Grab 作爲影像擷取的方式。Grab 讓攝影機不停地接收影像，並存放在 KNRm 的緩衝區(buffer)內，接著再使用 IMAQdxGrab 將影像從緩衝區取出來，進行後續處理。

```
170
171   /*
172    * Open Camera and Configure Grab mode
173    */
174   if (Log_Imaqdx_Error(IMAQdxOpenCamera(CAM_NAME, IMAQdxCameraControlModeController, &session)))
175   {
176       printf("-- Fail to open the camera\n");
177   }
178   if (Log_Imaqdx_Error(IMAQdxConfigureGrab(session)))
179   {
180       printf("-- Fail to configure Grab\n");
181   }
182
```

13. 啓動裝置設計，當 KNRm 上的主機按鈕被按下時，便會往下執行程式。

```
184        SetOnBoardLED(LED0, 1);
185        SetOnBoardLED(LED1, 0);
186
187        //wait to start
188        while (!ReadOnBoardBtn())
189        {
190            usleep(20000);
191        }
192
193        SetOnBoardLED(LED0, 0);
194        SetOnBoardLED(LED1, 1);
195        //wait 1.5 sec
196        usleep(1500000);
197
198        DC_MotorEnable(PORTL, 1);
199        DC_MotorEnable(PORTR, 1);
200
```

14. 程式開始，usleep(3000000)：暫停 3 秒

```
201        /*
202         * Tracking
203         */
204
205        printf("\n -- Program Start -- \n");
206
207
208        usleep(3000000);
209
```

15. 進入迴圈，機器人開始追蹤紅球。

```
210        while (1)
211        {
212
```

16. 程式中斷設計，按下 KNRm 主機的按鈕，關閉馬達連接埠，並釋放使用的記憶體
空間。

```
213          //count time to exit the program
214          while(ReadOnBoardBtn())
215          {
216              count++;
217              if (count > 100)
218              {
219                  SetOnBoardLED(LED0, 0);
220                  SetOnBoardLED(LED1, 0);
221
222                  DC_MotorEnable(PORTL, 0);
223                  DC_MotorEnable(PORTR, 0);
224
225                  //Close the Camera session
226                  IMAQdxCloseCamera (session);
227
228                  // Dispose the image, release the memories
229                  imaqDispose(captureImage);
230                  imaqDispose(thresholdedImage);
231                  imaqDispose(trackImage);
232                  imaqDispose(duplicateImage);
233                  imaqDispose(arrayToImage);
234
235                  return 0;
236              }
237          }
238
```

17. 從緩衝區(buffer)中取得新影像，此影像為 RGB 影像，並存入 KNRm 中，檔案名為 captureImage00.png、captureImage01.png……，檔案名的編號隨著 capture_image_num 的增加而改變。將 RGB 影像存入 KNRm 時，會影響機器人的運作，非必要時可以將這部份註解掉，減少所需的運算效能。

```
239      /*
240       * Read new image in the buffer
241       */
242      IMAQdxGrab(session, captureImage, TRUE, &BufferNumber);
243
244      /*
245       * Write captureImage to KNRm
246       * captureImage is RGB Image
247       */
248      sprintf(filename, "./captureImage%02d.png", capture_image_num++);
249
250      if(imaqWriteFile(captureImage, filename, NULL))
251      {
252          printf("-- Write captureImage to KNRm\n");
253      }
```

IMAQdxGrab(session, captureImage, TRUE, &BufferNumber)：

從緩衝區中取得新影像，並由 captureImage 接收。TRUE：函式會等待允許的緩衝區出現後才取出影像並回傳影像。FALSE：

函式不等待允許的緩衝區出現，直接回傳最近擷取的影像。BufferNumber 記錄 buffer 編號。

18. 對新影像進行 Thresholding，並將結果存入 KNRm，檔案名為：thresholdedImage00.png，thresholdedImage01.png……，檔名的編號隨著 threshold_image_num 增加而變化。

```
255     /*
256      * Thresholding
257      */
258
259     imaqColorThreshold(thresholdedImage, captureImage, 255, IMAQ_HSV, &H, &S, &V);
260
261     /*
262      * Write thresholdedImage to KNRm
263      */
264     sprintf(filename, "./thresholdedImage%02d.png", threshold_image_num++);
265
266     if(imaqWriteFile(thresholdedImage, filename, NULL))
267     {
268         printf("-- Write thresholdedImage to KNRm\n");
269     }
270
```

19. 利用 Morphology 修飾 Thresholding 的結果，讓紅球的資訊更為清楚。本實驗中交錯使用 Erode 與 Dilate，每一部份的次數視實驗場地的情況進行調整。

```
272     /*
273      * Morphology: Opening
274      */
275     //ERODE
276
277     if(imaqDuplicate(duplicateImage, thresholdedImage))
278     {
279         printf("-- The duplicate image of arrayToImage is made\n");
280     }
281
282     for(i = 0; i< 1; i++)
283     {
284         if(imaqGrayMorphology(trackImage, duplicateImage, IMAQ_ERODE, NULL))
285         {
286             printf("-- Morphology Opening: ERODE is finished\n");
287         }
288         else
289         {
290             printf("-- Morphology Opening: ERODE is failed\n");
291             ERROR_CODE = imaqGetLastError();
292             printf("-- ERROR CODE: %d\n", ERROR_CODE);
293         }
294
295         if(imaqDuplicate(duplicateImage, trackImage))
296         {
297             printf("-- The duplicate image of arrayToImage is made\n");
298         }
299     }
```

```
301        //DILATE
302        for(i = 0; i< 5; i++)
303        {
304            if(imaqDuplicate(duplicateImage, trackImage))
305            {
306                printf("-- the duplicate image of trackImage is made\n");
307            }
308            if(imaqGrayMorphology(trackImage, duplicateImage, IMAQ_DILATE, NULL))
309            {
310                printf("-- Morphology Opening: DILATE is finished\n");
311            }
312            else
313            {
314                printf("-- Morphology Opening: DILATE is failed\n");
315                ERROR_CODE = imaqGetLastError();
316                printf("-- ERROR CODE: %d\n", ERROR_CODE);
317            }
318        }

320        /*
321         * Morphology: Closing
322         */
323
324        //DILATE
325        for(i = 0; i < 5; i++)
326        {
327            if(imaqDuplicate(duplicateImage, trackImage))
328            {
329                printf("-- The duplicate image of trackImage is made\n");
330            }
331            if(imaqGrayMorphology(trackImage, duplicateImage, IMAQ_DILATE, NULL))
332            {
333                printf("-- Morphology Closing: DILATE is finished\n");
334            }
335            else
336            {
337                printf("-- Morphology Closing: DILATE is failed\n");
338                ERROR_CODE = imaqGetLastError();
339                printf("-- ERROR CODE: %d\n", ERROR_CODE);
340            }
341        }

343        //ERODE
344        for(i = 0; i< 1; i++)
345        {
346            if(imaqDuplicate(duplicateImage, trackImage))
347            {
348                printf("-- the duplicate image of trackImage is made\n");
349            }
350            if(imaqGrayMorphology(trackImage, duplicateImage, IMAQ_ERODE, NULL))
351            {
352                printf("-- Morphology Closing: ERODE is finished\n");
353            }
354            else
355            {
356                printf("-- Morphology Closing: ERODE is failed\n");
357                ERROR_CODE = imaqGetLastError();
358                printf("-- ERROR CODE: %d\n", ERROR_CODE);
359            }
360        }
```

20. 使用 imaqFillHoles 將 trackImage 中之紅球內部空洞補滿，接著將 trackImag 轉成陣列，將 pixel 值爲 1 的部份轉成 pixel 值爲 255，最後將陣列轉換成影像。

```
362      /*
363       * Fill holes inside the ball
364       */
365      imaqFillHoles(trackImage, trackImage, TRUE);
366
367      array = imaqImageToArray(trackImage, IMAQ_NO_RECT, &column, &row);
368      for(i = 0; i<row; i++)
369      {
370          for(j = 0; j<column; j++)
371          {
372              if(array[i*column + j] == 1)
373              {
374                  array[i*column + j] = 255;
375              }
376          }
377      }
378
379      if(imaqArrayToImage(trackImage, array, column, row))
380      {
381          printf("-- Array to Image successfully\n");
382      }
383
```

21. 將 trackImage 存入 KNRm，檔案名爲 trackImage00.png，trackImage01.png......，檔案名的編號隨著 image_num 增加而變化。

```
384      /*
385       * Write trackImage to KNRm
386       */
387
388      sprintf(filename, "./trackImage%02d.png", image_num++);
389
390      if(imaqWriteFile(trackImage, filename, NULL))
391      {
392          printf("-- Write trackImage to KNRm\n");
393      }
394
```

22. 計算 trackImage 的重心座標，用於判斷紅球在視野中的偏向：偏右還是偏左。

```
396⊖        /*
397          * Find the centroid of the ball in the image
398          */
399         if(imaqCentroid(trackImage, &centroid_track, NULL))
400         {
401             printf("-- Compute the center of mass of the trackImage\n");
402             printf("x-coordinate: %f\n", centroid_track.x);
403             printf("y-coordinate: %f\n", centroid_track.y);
404             printf("--------------------------------------------------------\n");
405         }
406
```

23. 計算 trackImage 的面積。

```
407⊖        /*
408          * Calculate the area of the ball
409          */
410         if(imaqCountParticles(trackImage, TRUE, &particle_num))
411         {
412             printf("-- Particles Counting is finished\n");
413             printf("-- The amount of particles: %d\n", particle_num);
414         }
415
416         if(imaqDuplicate(duplicateImage, trackImage))
417         {
418             printf("-- the duplicate image of morphologyImage is made\n");
419         }
420         if(imaqMeasureParticle(trackImage, 0, 0, IMAQ_MT_AREA, &area_track))
421         {
422             printf("-- Measurement of the particle in the morphologyImage is completed\n");
423             printf("-- The area of the ball in the image: %f(pixels)\n", area_track);
424         }
425         else
426         {
427             printf("-- Measurement of the particle is failed\n");
428             ERROR_CODE = imaqGetLastError();
429             printf("-- ERROR CODE: %d\n", ERROR_CODE);
430         }
431
```

24. 追蹤紅球時需要變數：

```
433         float Error_x;  //Error of x coordinate of centroid
434         int Error_area = 0; //Error of the area of the ball in the image
435         float wheel_diff = 3; //The difference of two wheel when turning right or left.
436         Error_x = 4;
```

Error_x：x 座標的誤差。由於座標難以完全精準，因此我們加入誤差，誤差值應隨著需求進行調整。本實驗希望紅球重心的 X 座標位於視野的中間，即視野 X 座標為(640*0.5) = 320 處加入 5%誤差，即重心的 X 座標值落在[305, 336]區間內，視為在視野中間。

wheel_diff：機器人兩輪差速，控制機器人右轉或左轉的幅度。

25. 當畫面的影像面積大於 measure_area 時，表示機器人與紅球的距離小於 30cm，機器人停止前進。

```
446             if(area_track > (measure_area))
447             {
448               /*
449                * Distance < 30 cm, Stop
450                */
451                 speedL = 0;
452                 speedR = 0;
453                 DC_MotorSetSpeed(PORTL, speedL);
454                 DC_MotorSetSpeed(PORTR, -speedR);
455
456                 printf("-- Stop\n");
457                 printf("Speed of right wheel: %f\n", speedR);
458                 printf("Speed of left wheel: %f\n", speedL);
459             }
```

26. 面積小於 measure_area 的情況下。

```
460             else
461             {
462               /*
463                * Distance >= 30 cm, Go to the ball
464                */
465
```

27. 視野中沒有紅球，則原地打轉。

```
466             if(particle_num == 0)
467             {
468               /*
469                * Turn right, rotate
470                */
471                 speedL = -5.5;
472                 speedR = 5.5;
473                 DC_MotorSetSpeed(PORTL, speedL);
474                 DC_MotorSetSpeed(PORTR, -speedR);
475             }
```

28. 如果影像重心偏左，代表紅球在視野左邊，則機器人往左轉。

```
481                    if(centroid_track.x < (0.5*column - Error_x))
482                    {
483⊖                      /*
484                        * Turn left
485                        */
486
487                        speedL = 7 - wheel_diff;
488                        speedR = 7;
489                        DC_MotorSetSpeed(PORTL, speedL);
490                        DC_MotorSetSpeed(PORTR, -speedR);
491
492                        printf("-- Turn Left\n");
493                        printf("Speed of right wheel: %f\n", speedR);
494                        printf("Speed of left wheel: %f\n", speedL);
495
496                    }
```

29. 如果影像重心偏右，代表紅球在視野右邊，則機器人往右轉。

```
497                    else if(centroid_track.x > (0.5*column + Error_x))
498                    {
499
500⊖                      /*
501                        * Turn right
502                        */
503
504                        speedL = 7;
505                        speedR = 7 - wheel_diff;
506                        DC_MotorSetSpeed(PORTL, speedL);
507                        DC_MotorSetSpeed(PORTR, -speedR);
508
509                        printf("-- Turn Right\n");
510                        printf("Speed of right wheel: %f\n", speedR);
511                        printf("Speed of left wheel: %f\n", speedL);
512
513                    }
```

30. 當影像重心的 X 座標位於中間(加入誤差的情況下)，代表紅球位於視野中間，則機器人直線前進。

```
514                else if((centroid_track.x >= (0.5*column - Error_x))&&(centroid_track.x <= (0.5*column + Error_x)))
515                {
516                    /*
517                     * Centroid is in the middle of the image, Go forward
518                     */
519                    speedL = 7;
520                    speedR = 7;
521                    DC_MotorSetSpeed(PORTL, speedL);
522                    DC_MotorSetSpeed(PORTR, -speedR);
523                }
```

31. 由於判斷條件很多，記得檢查括弧數量有沒有正確。

```
524                }
525            }
526        }
527
```

32. 關閉與 KNRm 之連線與內建 5V 電源。

```
528        /*
529         * Close the myRIO NiFpga Session.
530         * This function MUST be called after all other functions.
531         */
532
533        Set5VPower(0);
534
535        //close
536        if (KNRm_Close()<0)
537        {
538            return -1;
539        }
540
541        return 0;
542    }
```

33. 顯示錯誤訊息的函式

```
544  // Print the IMAQDX Error Message
545⊖ bool Log_Imaqdx_Error(IMAQdxError errorValue)
546  {
547      if (errorValue) {
548          char errorText[IMAQDX_ERROR_MESSAGE_LENGTH];
549          IMAQdxGetErrorString(errorValue, errorText, IMAQDX_ERROR_MESSAGE_LENGTH);
550          printf("\n %s ", errorText);
551          return true;
552      }
553      return false;
554  }
555
556  // Print the VISION Error Message
557⊖ bool Log_Vision_Error(int errorValue)
558  {
559      if ( (errorValue != TRUE) && (imaqGetLastError() != ERR_SUCCESS)) {
560          char *tempErrorText = imaqGetErrorText(imaqGetLastError());
561          printf("\n %s ", tempErrorText);
562          imaqDispose(tempErrorText);
563          return true;
564      }
565      return false;
566  }
567
```

相關函式庫說明書所在路徑：

(1) NI Vision C Support：

　　C:\Program Files (x86)\National Instruments\Vision\Help

　　對應函式庫：nivision.h

(2) NIIMAQdx：

　　C:\Program Files (x86)\National Instruments\NI-IMAQdx\Help

　　對應函式庫：NIIMAQdx.h

9-5-2 執行結果

1. Console 視窗中的訊息,如圖 9-31 所示。

```
Last login: Sun Dec 25 23:03:48 2016 from 172.22.11.1

/home/admin/KNRm_red_ball_tracking;exit

admin@KNRm:~# /home/admin/KNRm_red_ball_tracking;exit
/home/admin/KNRm_red_ball_tracking: /usr/local/lib/libvisa.so: no version information available (required by /home/admin/KNRm_red_ball_tracking)
Set the threshold value of HSV of Red ball
-- Load morphologyImage.png successfully
-- Write trackImage into KNRm
-- Compute the center of mass of the trackImage
x-coordinate: 333.758942
y-coordinate: 183.656067
---------------------------------------------------
-- Particles Counting is finished
-- The amount of particles: 1
-- the duplicate image of morphologyImage is made
-- Measurement of the particle in the morphologyImage is completed
-- The area of the ball in the image: 8612.000000(pixels)

-- Program Start --
```

圖 9-31　Console 視窗的訊息

2. 機器人的行為與相機所見之畫面,圖 9-32 為機器人位於起點,圖 9-33 為相機於起點取得之畫面,圖 9-34 為起點畫面經過 Thresholding 之結果,圖 9-35 為起點畫面經過 Morphology 處理之結果;圖 9-36 為機器人正在追蹤紅球,圖 9-37 為追蹤紅球時相機取得之畫面,圖 9-38 為追蹤紅球之畫面經過 Thresholding 之結果,圖 9-39 為追蹤紅球之畫面經過 Morphology 處理之結果;圖 9-40 為機器人在紅球前停止,圖 9-41 為相機於機器人停止時所取得之畫面,圖 9-42 為停止時的畫面經過 Thresholding 之結果,圖 9-43 為停止時的畫面經過 Morphology 處理之結果。

圖 9-32　機器人位於起點

圖 9-33　相機於起點取得之畫面

圖 9-34　起點畫面經過 Thresholding 之結果　圖 9-35　起點畫面經過 Morphology 處理之結果

圖 9-36　機器人正在追蹤紅球

圖 9-37　追蹤紅球時相機取得之畫面

圖 9-38　追蹤紅球之畫面
經過 Thresholding 之結果

圖 9-39　追蹤紅球之畫面
經過 Morphology 處理之結果

圖 9-40　機器人在紅球前停止

圖 9-41　相機於機器人停止時所取得之畫面

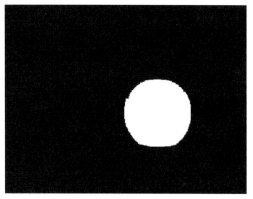

圖 9-42　停止時的畫面　　　　　　圖 9-43　停止時的畫面

經過 Thresholding 之結果　　　　　經過 Morphology 處理之結果

3. 使用 FileZilla 檢視追蹤過程中存入 KNRm 的圖檔，圖 9-44 方框處所示。

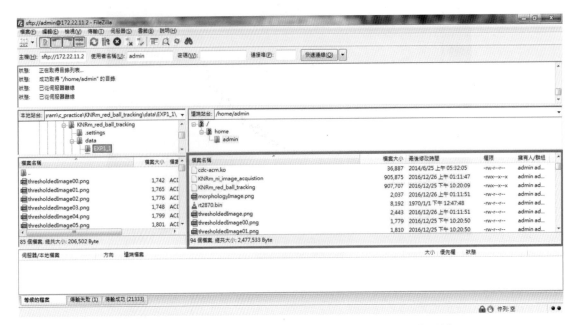

圖 9-44　FileZilla 檢視追蹤紅球過程中存入 KNRm 的圖檔

9-6　實作展示

1. 機器人放置在起點區域，利用影像追蹤尋找目標，引導機器人到達終點。

2. 機器人在競賽開始前須先進行影像追蹤能力測試，在機器人攝影機範圍內移動測試目標，觀看機器人反應以測試機器人是否具有跟隨目標轉動與前進追蹤目標的能力。

3. 場地尺寸範例如圖 9-45 所示，在場地中會有起點、終點，紅球置於終點，場地實作圖如圖 9-46 所示。在機器人行進時不能超過場地邊界。由於影像追蹤可能受光線影響，決定好目標位置後盡量不要更動場地位置與目標位置。

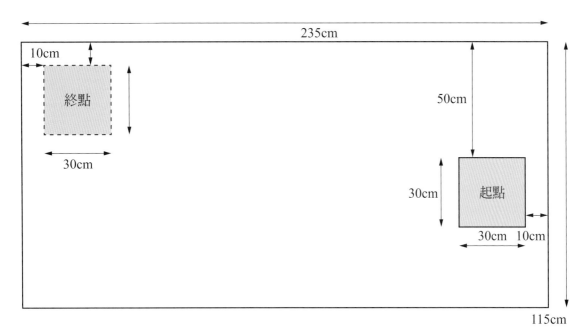

圖 9-45　場地尺寸圖

圖 9-46　場地實作圖

4. 機器人只能自行運作，不可透過實體接觸或程式遙控機器人，且機器人須在終點，
即紅球所在位置前自行停止或關閉。

機器人自主避障實驗

 ## 10-1　實驗目的

1. 結合感測器與馬達控制實作機器人系統，讓機器人擁有自主避障的功能

 ## 10-2　原理說明

10-2-1　機器人定位與里程計(Odometer)原理說明

　　輪型機器人的移動狀態可以由馬達的轉動來推算，可以藉由馬達轉軸上的編碼器(Encoder)旋轉資訊，來估算機器人的目前位置與朝向角。馬達上的編碼器如圖 10-1 所示，在馬達轉動時會產生兩個相位相差 90 度的脈波信號，可以根據這兩個脈波信號間的先後關係及脈波數量，取得馬達的正反轉與距離資訊。

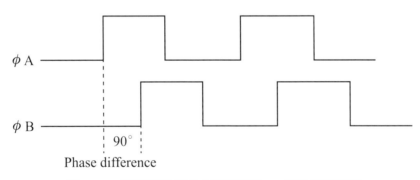

ϕA

ϕB

90°

Phase difference

圖 10-1　編碼器所得到之兩個相差 90 度的脈衝信號

　　利用編碼器所取得的脈波數量，可以換算出每個輪子轉動時所對應的移動距離，如下式所示，其中 C_{pulse} 為脈衝數量，$C_{per\ rev}$ 為輪子每轉一圈所產生的脈波計數，R 為輪子的半徑。

$$S = \frac{C_{pulse}}{C_{perrev}} \times 2\pi R \tag{10-1}$$

兩輪的移動距離代表著車子的移動狀況，從圖 10-2 可知，在已知兩輪的移動距離 S_R、S_L 的情形下，能夠推算出機器人目前的座標位置以及朝向角，達到自我定位的目的。

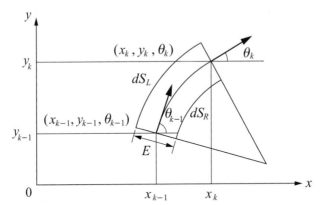

圖 10-2　雙獨立驅動輪機器人，兩輪移動距離與座標空間關係

式(10-2)表示在單位取樣時間中，單位時間的角度偏移量可利用兩輪移動距離差值求出，其中 E 為兩輪間距。而機器人單位時間移動時的直線方向距離，則是兩輪移動的平均值，如式(10-3)所示。式(10-4)則是將各取樣時間的變化量做累計，可利用四則運算以及三角函數模組於每個取樣時間計算機器人移動的變化量，推算出目前機器人在座標平面上的位置以及朝向角度(x, y, θ)。

$$d\theta_k = (dS_R - dS_L) / E \tag{10-2}$$

$$dS_k = (dS_L + dS_R) / 2 \tag{10-3}$$

$$\begin{cases} \theta_k = \theta_{k-1} + d\theta_k \\ x_k = x_{k-1} + dS_k \cos(\dfrac{\theta_k + \theta_{k-1}}{2}) \\ y_k = y_{k-1} + dS_k \sin(\dfrac{\theta_k + \theta_{k-1}}{2}) \end{cases} \tag{10-4}$$

為了達到座標平面上設定目標點並讓機器人抵達該處，取得機器人在座標空間的位置後，計算距離差與所需的控制速度。假設機器人當前位置為(x, y)、目標點位於(x_t, y_t)，如圖 10-3 所示，可以利用式(10-5)與式(10-6)計算出機器人與目標位置的距離 D 以及目標位置朝向角ϕ。機器人取得目標位置的距離與方位後，可以藉著修改自身的速度與轉向逼近目標位置。

$$D = \sqrt{(x_t - x)^2 + (y_t - y)^2} \tag{10-5}$$

$$\Phi = \tan^{-1}(\frac{y_t - y}{x_t - x}) \tag{10-6}$$

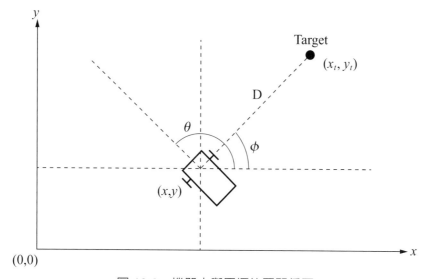

圖 10-3　機器人與目標位置關係圖

10-2-2　機器人避障控制說明

　　機器人在有障礙的環境下，為了防止與障礙物碰撞，會加上環境感測器以偵測環境中的動態，藉由感測器的資訊來使機器人閃避障礙物。在此實驗中，考慮機器人行進方向的空間情形，分別在機器人前端的左、右裝設超音波感測器，並在中間裝置紅外線測距儀，利用各感測器所讀到的距離資訊來判斷行進方向周遭是否有障礙物，並根據這些資料做出適當的反應以避開障礙。

在此實驗中，想要讓機器人從起點出發，抵達正前方的目標位置，但在機器人與目標位置的直線路徑上存在障礙物，機器人必須要有能力避開障礙物並安全抵達目標位置。考慮下列幾種機器人在行進時遇到的障礙物情形，如表 10-1 所示。

表 10-1　機器人避障策略

	1. 機器人在沒有接近障礙物時會朝向前方移動。
	2. 當機器人正面接觸障礙物時，要設法向左或右方向移動，閃避正前方的障礙物。
	3. 當機器人的左側為障礙物時，機器人要向右移動，避免撞上障礙物。
	4. 當機器人右側為障礙物時，機器人要向左側移動，避免撞上障礙物。
	5. 當機器人運用上述方式順利脫離障礙物後，即可繼續朝向目標點移動。

10-3　實驗器材

1. KNRm 主機
2. Matrix 機器人
3. KNR 馬達控制盒*2
4. 直流伺服馬達*2
5. 超音波感測器*2
6. 紅外線感測器
7. 所需線材：KNRm 電源線、直流伺服馬達 10P10C 接線*2 與電源線*2、超音波線材*2、紅外線線材

10-4　實驗步驟

10-4-1　馬達驅動

確定機器人兩個驅動輪馬達已安裝完成，確認馬達 10P10C 訊號線所接的位置是在 KNRm Port 1、2，並記錄下左右輪的 Port 編號，以利進行馬達程式設計。在測試馬達程式前請先注意機器人擺放的位置，應避免機器人碰撞，或可將機器人底盤架高進行測試。

在程式撰寫上，可使用 DC_MotorEnable 以及 DC_MotorSetSpeed 函式進行馬達操作，前者為馬達的啟動/關閉函式，後者為馬達速度設定函式。操作馬達函式時，第一個輸入需要輸入馬達的 Port 編號，輸入整數 1 或 2。DC_MotorEnable 的第二個輸入為馬達的啟動與關閉，輸入數字 1 為啟動，0 為關閉；DC_MotorSetSpeed 的第二個輸入為馬達轉動的速度，可設定範圍為–100～100。馬達函式操作範例，如圖 10-4 所示。

```
int PORTL = 1;                             設定馬達連接埠編號
int PORTR = 2;
double speedR = 0.0;                       設定馬達轉速輸入值
double speedL = 0.0;

                                           啟動馬達
DC_MotorEnable(PORTL, 1);
DC_MotorSetSpeed(PORTL, speedL);           設定馬達轉速
DC_MotorEnable(PORTR, 1);
DC_MotorSetSpeed(PORTR, -speedR);
```

圖 10-4　馬達函式操作範例

10-4-2　機器人自我定位

　　當馬達轉動時，可透過計數器來記錄編碼器的轉動角度，在 KNRm 馬達控制函式中可使用 DC_MotorReadPosition 以及 DC_MotorReadVelocity 取得編碼器的刻度總數以及速度。編碼器的計數器可根據機器人的齒輪比以及輪子大小轉動為機器人輪子行走的速度，在 Matrix 機器人中使用之直流伺服馬達型號：KNR3036750014E，其編碼器解析度(Encoder Pulse Per Rev, PPR)為 16 counts/圈、減速齒輪機齒輪比為 64:1，輪子轉一圈，實際上編碼器被計數的次數：

$$
\begin{aligned}
\text{Wheel Counts per Revolution} &= \text{Encoder pulse per rev.} \times 4 \times \text{gear ratio} \\
&= 16 \times 4 \times 64 \\
&= 4096
\end{aligned}
$$

因此，可以計算出輪子轉動時所移動的距離：

$$
\text{Positon(cm)} = \frac{\text{total counts}}{\text{Wheel counts per rev.}} \times 2\pi R = \frac{\text{total counts}}{4096} \times 2\pi R
$$

　　在自我定位時，可以使用式(10-1)至式(10-4)。首先計算兩輪移動距離差 dS_L 與 dS_R，由馬達函式取得兩輪的 Position，此值為編碼器回傳值，因此須經過公式計算後才能獲得左右兩輪的移動距離差，此計算公式中車輪半徑與一圈編碼器值將依使用之車輪大小與編碼器不同而需要更動。移動的距離差是由兩個相鄰的取樣時刻所得到的馬達位置相減而得，所以在擷取最近一個時刻的馬達位置前，須將前一個時刻所得到的馬達位置儲存下來。接著使用公式(10-2)至公式(10-4)計算出 x_k、y_k 與 θ_k。透過編碼器回傳值計算機器人自我定位範例，如圖 10-5 所示。

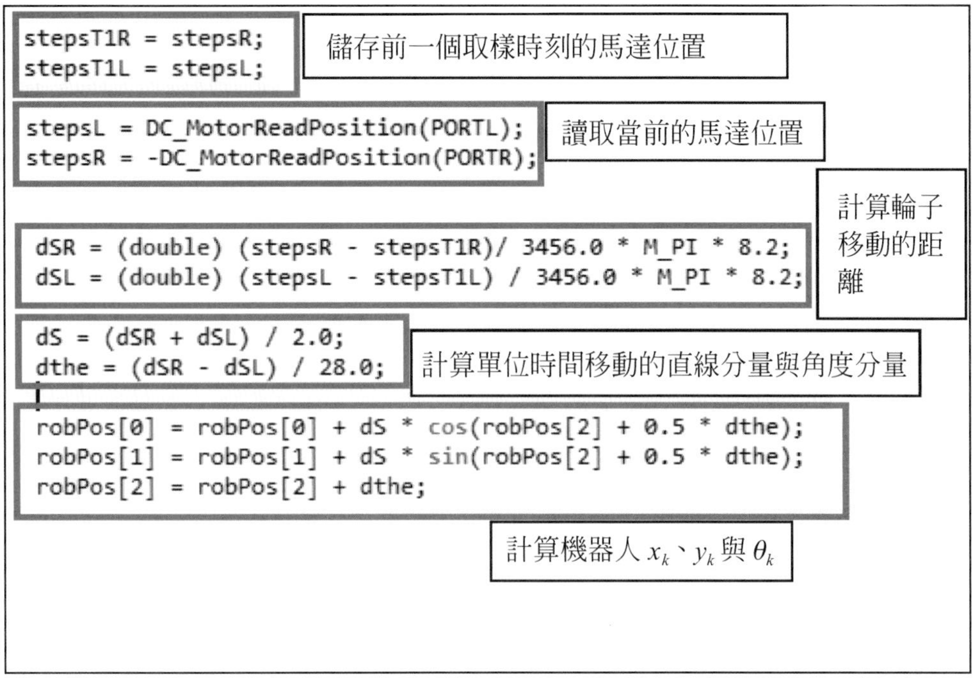

```
stepsT1R = stepsR;              儲存前一個取樣時刻的馬達位置
stepsT1L = stepsL;

stepsL = DC_MotorReadPosition(PORTL);    讀取當前的馬達位置
stepsR = -DC_MotorReadPosition(PORTR);

                                                  計算輪子
dSR = (double) (stepsR - stepsT1R)/ 3456.0 * M_PI * 8.2;   移動的距
dSL = (double) (stepsL - stepsT1L) / 3456.0 * M_PI * 8.2;   離

dS = (dSR + dSL) / 2.0;
dthe = (dSR - dSL) / 28.0;      計算單位時間移動的直線分量與角度分量

robPos[0] = robPos[0] + dS * cos(robPos[2] + 0.5 * dthe);
robPos[1] = robPos[1] + dS * sin(robPos[2] + 0.5 * dthe);
robPos[2] = robPos[2] + dthe;

                        計算機器人 x_k、y_k 與 θ_k
```

圖 10-5　透過編碼器回傳值計算機器人自我定位範例

10-4-3　機器人自主導航設計

使用式(10-5)與式(10-6)計算與目標距離 D、與目標位置朝向角 ϕ，在此機器人的移動方式建議採用圖 10-2、10-3 的運動模型，給予機器人線速度以及角速度。利用距離差 D 計算是否到達預定位置，當機器人尚未抵達目標位置時，給予機器人線速度。計算目標朝向角與機器人朝向角，並根據兩者之間的夾角改變機器人運動時的角速度大小與方向。此步驟的範例程式如下，程式中包含有數學運算，須在開頭時包含 math.h 標頭檔：

```
#include <math.h>
```
數學運算函式庫

```
double goalX = 0.0;
double goalY = 150.0;
```
設定機器人目標位置

```
deltaX = goalX - robPos[0];
deltaY = goalY - robPos[1];
deltaD = sqrt(pow(deltaX, 2) + pow(deltaY, 2));
deltaPhi = atan2(deltaY, deltaX) - robPos[2];
```
計算機器人與目標位置的距離與夾角

```
if (deltaD > 8)
{
    Vc = 5.0;

}
else
{
    Vc = 0.0;
    break;
}
```
決定機器人的線速度

```
if ((deltaPhi / M_PI * 180.0) > 3)
{
    Wc = 5;
}
else if ((deltaPhi / M_PI * 180.0) < -3)
{
    Wc =-5;
}
else
{
    Wc = 0;

}
```
決定機器人的角速度

```
speedL = Vc - Wc;
speedR = Vc + Wc;
```
利用機器人運動模型計算左右輪速度

10-4-4 機器人自主避障設計

1. 使用超音波測距模組

爲了使機器人能夠在移動中達到自主避障，在此實驗中將超音波感測器配置於機器人兩側 45 度的位置，如圖 10-7 所示，能夠針對機器人前方周遭環境進行偵測。利用超音波感測器偵測障礙物與目前機器人的距離，用來判斷機器人是否能夠前進，使機器人免於碰撞。在 KNRm 程式中，可以使用 US_ReadDistance 函式進行超音波距離資訊的擷取，函式輸入爲超音波連接埠的編號，輸入對應的數字 1、2，回傳值爲超音波偵測到的距離值。超音波測距之程式使用範例如圖 10-6 所示：

圖 10-6 超音波測距之程式使用範例

2. 使用紅外線測距模組

使用紅外線感測器進行前方障礙物的偵測，KNRm 所附之紅外線感測器具有專用線材，可直接將紅外線測距儀連接到 KNRm 主機上。在此範例中，將紅外線感測器連接到第一個紅外線連接埠，紅外線測距儀則固定於機器人前端，如圖 10-7 所示，偵測前方的距離資訊。

在 KNRm 的函式中，可使用 AI_Read 以及 AI_IRDistance 取得紅外線測距儀的電壓以及距離資訊。在 AI_Read 需要輸入類比輸入的通道，第一個紅外線連接埠四對應的是第 0 號通道，因此輸入 0 可得到紅外線的電壓大小。AI_IRDistance 可將電壓值轉換爲紅外線的距離值，輸入爲電壓，回傳值爲距離，單位爲公分。此部份的範例程式如圖 10-8 所示。

圖 10-7　超音波與紅外線感測器安裝

```
double disM;                        宣告儲存變數

disM = AI_IRDistance(AI_Read(4));    擷取紅外線類比電壓與距離
```

圖 10-8　紅外線測距之範例程式

3. 自主避障設計

在一、二中取得機器人前方位置的距離感測資訊後，利用機器人前方與障礙物的距離關係，設計閃躲避障程式。表 10-1 中所列舉的機器人與障礙物的關係，可透過機器人前方三個感測所得到的距離來判斷，改變機器人的運動行為，進行障礙物的閃躲。閃躲避障程式範例如圖 10-9 所示。

```
if (disR < 20)
{
    Vc = 8;
    Wc = 5;
    if (disR < 15)
    {
        Vc = 5;
        Wc = 5;
    }
}
```
右方接近障礙物，
機器人左轉

```
else if (disL < 20)
{
    Vc = 8;
    Wc = -5;
    if (disL < 15)
    {
        Vc = 5;
        Wc = -5;
    }
}
```
左方接近障礙物，
機器人右轉

```
else if (disM <= 35)
{
    Vc = 6;
    Wc = -8;

}
```
前方接近障礙物，
機器人轉向

圖 10-9　閃躲障礙物之範例程式

 ## 10-5　實作展示

1. 機器人由起點出發，到達前方標示的目標位置，在起點與目標位置的直線距離中會放置障礙物，機器人必須利用超音波及紅外線感測器進行自主避障閃避障礙物，並繼續前往目標位置。

2. 機器人移動場地可參考圖 10-10。在實際場地上，初始點與指定目標必須事先決定位置，指定目標位置必須是一塊固定區域，區域越小則難度越高，如圖 10-11 所示。障礙物的大小可能會影響超音波的安裝位置，擺放位置可自由決定以增加挑戰性。

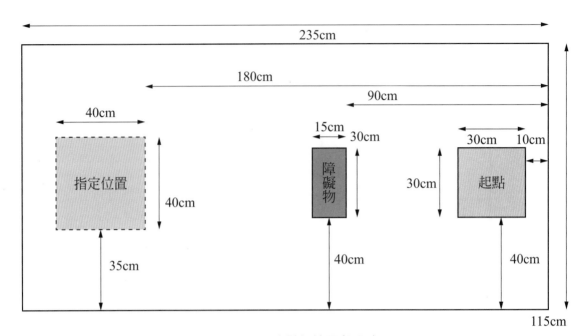

圖 10-10　實驗場地圖與尺寸

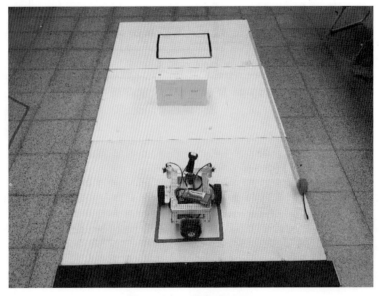

圖 10-11　實際場地圖

3. 開始時，機器人須從起點出發朝目標前進，利用超音波自主避障的方式使機器人繞過障礙物並抵達指定位置框框中即算完成。在過程中機器人不可接觸或撞擊障礙物，且必須在 60 秒內完成。另外，機器人抵達目標位置時，機器人前方的兩個驅動輪皆須落在指定位置範圍內才算成功，如圖 10-12 所示。

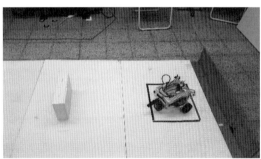

圖 10-12　實際的程式執行結果

1. "An Introduction to Adaptive Algorithms and Intelligent Machines," By Mattias Wahde, Chalmers University of Technology, 3rd Ed. 2004

2. R.A. Brooks, A Robust Layered Control System for a Mobile Robot, IEEE Journal of Robotics and Automation, RA-2, No.1, pp14-23, 1986

3. Cambrain Intelligence: The Early History of the New AI, by Rodney A Brooks, A Bradford Book, The MIT Press, 1999

4. https://www.eclipse.org/home/index.php

5. https://en.wikipedia.org/wiki/Eclipse_(software)

6. http://www.oracle.com/technetwork/java/javase/downloads/jdk8-downloads-2133151.html

7. http://www.oracle.com/technetwork/java/javase/downloads/jre8-downloads-2133155.html

8. http://www.mingw.org/

9. https://sourceforge.net/projects/mingw/

10. http://shaocian.blogspot.tw/2012/11/eclipse-cc-cdt-mingw.html

11. http://www.ni.com/download/labview-myrio-toolkit-2013/4223/en/

12. http://www.ni.com/download/labview-real-time-module-2013/4286/en/

13. http://www.ni.com/academic/students/learnlabview/zht/hardware.htm

14. http://www.ni.com/academic/download.htm

15. http://forums.ni.com/t5/Academic-Hardware-Products-ELVIS/How-to-work-with-a-webcam-in-c-with-myRIO/td-p/3212153

16. http://www.knrrobotics.com/index.php?id_cms=32&controller=cms&id_lang=2

17. https://filezilla-project.org/

18. http://opencv-srf.blogspot.tw/2010/09/object-detection-using-color-seperation.html

19. http://forums.ni.com/t5/Machine-Vision/Convert-an-image-to-grayscale-in-C/td-p/3258682

國家圖書館出版品預行編目資料

KNRm 智慧機器人控制實驗教材(C 語言) / 宋開泰編
 著. -- 初版. -- 新北市：全華圖書, 2018.07
    面 ; 公分
 ISBN 978-986-463-863-5(平裝)

 1.機器人 2.電腦程式設計 3.C(電腦程式語言)
 448.992029   107009269

KNRm 智慧機器人控制實驗(C 語言)

作者 / 宋開泰

發行人 / 陳本源

執行編輯 / 李文菁

封面設計 / 林彥彣

出版者 / 全華圖書股份有限公司

郵政帳號 / 0100836-1 號

印刷者 / 宏懋打字印刷股份有限公司

圖書編號 / 06366

初版一刷 / 2018 年 09 月

定價 / 新台幣 400 元

ISBN / 978-986-463-863-5 (平裝)

全華圖書 / www.chwa.com.tw

全華網路書店 Open Tech / www.opentech.com.tw

若您對書籍內容、排版印刷有任何問題，歡迎來信指導 book@chwa.com.tw

臺北總公司(北區營業處)
地址：23671 新北市土城區忠義路 21 號
電話：(02) 2262-5666
傳真：(02) 6637-3695、6637-3696

中區營業處
地址：40256 臺中市南區樹義一巷 26 號
電話：(04) 2261-8485
傳真：(04) 3600-9806

南區營業處
地址：80769 高雄市三民區應安街 12 號
電話：(07) 381-1377
傳真：(07) 862-5562

歡迎加入 全華會員

● 會員獨享

會員專享折扣、紅利積點、生日禮金、不定期優惠活動……等。

● 如何加入會員

填妥讀者回函卡直接傳真 (02) 2262-0900 或寄回，將由專人協助登入會員資料，待收到
E-MAIL 通知後即可成為會員。

如何購買 全華書籍

1. 網路購書

全華網路書店「http://www.opentech.com.tw」，加入會員購書更便利，並享有紅利積點
回饋等各式優惠。

2. 全華門市、全省書局

歡迎至全華門市（新北市土城區忠義路 21 號）或全省各大書局、連鎖書店選購。

3. 來電訂購

(1) 訂購專線：(02) 2262-5666 轉 321-324
(2) 傳真專線：(02) 6637-3696
(3) 郵局劃撥（帳號：0100836-1　戶名：全華圖書股份有限公司）

※ 購書未滿一千元者，酌收運費 70 元。

OpenTech.com.tw 全華網路書店

全華網路書店 www.opentech.com.tw
E-mail: service@chwa.com.tw

※ 本會員制如有變更則以最新修訂制度為準，造成不便請見諒。

讀者回函卡

填寫日期： ／ ／

姓名： 生日：西元 年 月 日 性別：□男 □女

電話：（ ） 傳真：（ ） 手機：

e-mail：（必填）

通訊處：□□□□□

學歷：□博士 □碩士 □大學 □專科 □高中・職

職業：□工程師 □教師 □學生 □軍・公 □其他

學校／公司： 科系／部門：

・需求書類：

□A.電子 □B.電機 □C.計算機工程 □D.資訊 □E.機械 □F.汽車 □I.工管 □J.土木

□K.化工 □L.設計 □M.商管 □N.日文 □O.美容 □P.休閒 □Q.餐飲 □B.其他

・本次購買圖書為： 書號：

・您對本書的評價：

封面設計：□非常滿意 □滿意 □尚可 □需改善，請說明

內容表達：□非常滿意 □滿意 □尚可 □需改善，請說明

版面編排：□非常滿意 □滿意 □尚可 □需改善，請說明

印刷品質：□非常滿意 □滿意 □尚可 □需改善，請說明

書籍定價：□非常滿意 □滿意 □尚可 □需改善，請說明

整體評價：請說明

・您在何處購買本書？

□書局 □網路書店 □書展 □團購 □其他

・您購買本書的原因？（可複選）

□個人需要 □幫公司採購 □親友推薦 □老師指定之課本 □其他

・您希望全華以何種方式提供出版訊息及特惠活動？

□電子報 □DM □廣告 （媒體名稱 ）

・您是否上過全華網路書店？（www.opentech.com.tw）

□是 □否 您的建議

・您希望全華出版那方面書籍？

・您希望全華加強那些服務？

～感謝您提供寶貴意見，全華將秉持服務的熱忱，出版更多好書，以饗讀者。

全華網路書店 http://www.opentech.com.tw 客服信箱 service@chwa.com.tw

註：數字零，請用 Φ 表示，數字 1 與英文 L 請另註明並書寫端正，謝謝。

2011.03 修訂

親愛的讀者：

感謝您對全華圖書的支持與愛護，雖然我們很慎重的處理每一本書，但恐仍有疏漏之處，若您發現本書有任何錯誤，請填寫於勘誤表內寄回，我們將於再版時修正，您的批評與指教是我們進步的原動力，謝謝！

全華圖書 敬上

勘 誤 表

頁 數	行 數	書 名	作 者
		錯誤或不當之詞句	建議修改之詞句

我有話要說： （其它之批評與建議，如封面、編排、內容、印刷品質等・・・）

KNRm 智慧機器人控制實驗（C 語言）

作　　者：宋開泰
書　　號：06366007　頁數：224 頁　定價：400 元
I S B N：978-986-463-863-5
適用課程：大學、科大電機、資訊、電子、機械系「智慧機器人實驗」課程

教學 PPT　 教學進度表

- 讓使用者可輕鬆整合感測器，馬達，金屬機構與應用軟體，使用 NI myRIO 嵌入式系統以及 NI LabVIEW 為核心。
- 本系統具備輕鬆上手、平易近人的特性，能有效幫助教師教學，並激發學生學習興趣，快速地實現心中地機器人創意。
- 機構零件內含
  - 金屬機構件 (L 型 ,C 型橫樑)
  - 馬達框
  - 6mm 輪胎 x2
  - 萬向輪 x1
  - 快速插銷組
  - 螺絲螺帽組。

藉由 KNRm 機器人控制器與 C 語言程式，您可快速地整合機器人各種硬體裝置，專注於策略與程式設計，發揮創意，創造佳績。